〈動物のいのち〉と哲学

コーラ・ダイアモンド Cora Diamond
スタンリー・カヴェル Stanley Cavell
ジョン・マクダウェル John McDowell
イアン・ハッキング Ian Hacking
ケアリー・ウルフ Cary Wolfe
中川雄一［訳］ Yuuichi Nakagawa

Philosophy and Animal Life

春秋社

PHILOSOPHY & ANIMAL LIFE

CONTENTS

〈動物のいのち〉と哲学

傷ついた動物と倫理的思考のために

訳者まえがき

中川雄一

二〇一〇年四月、宮崎県で口蹄疫が発生した。初期防疫に失敗した結果、この伝染病はまたたくまに広がり、殺処分の対象は五月二九日の時点で二七万頭に及んだ。二〇〇一年にイギリスで発生した口蹄疫では六〇〇万頭（以上）の牛が殺処分されている。インターネット上の写真からでも、牛を大量処分する凄惨さは十分すぎるほど伝わってくる。

殺処分には炭酸ガスによる窒息死、高電圧によるショック死、注射による薬殺の方法がある。宮崎では高電圧の方法と注射による方法を使い分けているようだ。いずれにしても殺処分される家畜と処分する人間とは一対一に対峙しなければならない。一日に三〇〇〇頭以上の生き物に死を与える現場がさながら生き地獄であろうことは容易に察しがつく。

戦場といってもいい（じっさいイギリスでは軍隊が出動した）。この一大事に、テレビや新聞が提供する情報の少なさはどうしたことだろう。ある程度落ち着いてきた段階で、政府は徹底した検証をし、テレビではぞくぞくとドキュメンタリー番組が組まれ、識者による討論会が催され、「戦場カメラマン」による写真展が開かれる、ということになるのだろうか。あるいは、政府の援助が功を奏し、宮崎の畜産業界が壊滅状態から脱する道筋がつけば、きれいに忘れ去られることになるのだろうか。

ＢＳＥ問題やこんどの口蹄疫は畜産のありかただけでなく、私たちの生活の仕方そのものに疑問を投げかけているのではないか。家畜を何万頭も大量処分せざるをえなかった「傷」は永く私たちのなかに残るように思われる。

大切に育てた牛を殺処分にしなければならない畜産家の無念も察してあまりある。電気ショックから蘇生して暴れだす豚や、注射を打たれて目から涙を流していた牛がいると泣きながら訴える人がいる（インターネットの情報による）。おそらく畜産家はふだんから家畜を「資源」として見ながらも同時に「いのちある生き物」としても見ているだろう。家畜をまったくの「物」として見ることは不可能である。育てた牛や豚を出荷するときの気持ちには独特のものがあるだろうとも察せられる。だが、それでもやはり、このたびの悲惨さは想像を絶しており、あらためて「動物のいのち」とは何かを考えさせられる。たとえば「動物」と「家畜」とをどう区切って、どう割り切るべきなのか。

もちろん、これを動物の大虐殺と見ることもできる。動物愛護の立場からすれば、人に食べられることもなく死んでいくのが哀れなのではない。そもそも食べられるために飼われていることそれ自体が切ないのだ。殺処分とは何と勝手な言い分だろうということになる。ベジタリアンならば言いたいことは山ほどあるだろう。

*

あるいは日本にとっていつも分の悪い捕鯨問題やイルカ漁問題につなげてみることもできよう。『オーシャンズ』は人気の海洋映画だったが、後半ではやはり捕鯨やイルカ漁をさも残酷そうに撮っていて辟易する人も多かったのではないか。長編ドキュメンタリー『ザ・コーヴ』はいくつかの映画館で上映中止騒動が起きたけれど、それはかえって日本のイメージを悪くするかもしれない。たしかに動物愛護の活動は、おうおうにして一方的であり、ときに過激かつ奇矯である（どう見ても怪しげなものがある）。『ザ・コーヴ』は和歌山県太地町のイルカ漁を隠し撮りしたものだが（つまり違法ということだろう）、これが法治国家アメリカの「アカデミー賞」を獲得するというのも不思議なことである。だが、太平洋の片隅にぶら下がるように存在している「ちっぽけな国」がいじめられているとの見方はどうかと思う。むしろ日本を世界に冠たる「大国」とみなしているからこそ批判の的となっていると考えるべきだ。世界中に自動車や複写機やカメラや時計を売りまくって莫大な富を得ていながら、一方で、これは日本の古来の慣習だからではすまないのもまた明らかだ。

一九八〇年、壱岐で、イルカを捕獲する漁網を切り裂いたアメリカ人デクスター・ケイトが逮捕された。彼は「威力業務妨害罪」の容疑で起訴され、三か月間佐世保拘置所の独房ですごした。その間、「動物の解放」で有名な哲学者ピーター・シンガーがオーストラリアからやってきて、イルカ殺戮の哲学的道徳的な意味について証言した。当時は「エコロジー」の概念を訳すことすらできなかったというが、その落差には驚かされる。シンガーがイルカの知性を証言しているあいだ法廷では笑い声がもれたという。

あれから三〇年近くの月日が流れ、いま日本は空前の「エコ・ブーム」であるように見える。だが「動物の権利」についての議論が高まっているようには思えない。宮崎県が口蹄疫で塗炭の苦しみに見舞われているいまだからこそ、あえて「動物の権利」について考えてみるべきではないだろうか。ここ二〇年ほどのあいだに欧米では動物保護の思想が着実に普及したが、それは日本との「温度差」がますます広がることを意味しており、その間海外から散発的に捕鯨やイルカの問題で批判されると何ら有効な論理を組み立てられずにその場しのぎでやってきたというのが実情であろう。そこで訳者のできる範囲で欧米の動向を見て、それから本書『〈動物のいのち〉と哲学』が切り開こうとしている方向を提示してみたい。

＊

動物と倫理を考えるとき、一九七五年は記念すべき年である。ピーター・シンガーの『動物の解放』（邦訳＝戸田清訳、技術と人間、一九八八年）が出版された年だ。シンガーの主張は明快そのもの——痛みを感じる生き物には道徳的配慮が必要である。自分の体を自分でつねってみれば分かるように（そうするまでもなく）、だれにも否定しようのない原則である。傷ついている動物を見て憐れみを感じない人はいないだろう。だがこの原則を「まじめに」徹底していくと常識から外れてしまうような帰結が導かれることもある。シンガーはそうした帰結をも公利（功利）的な観点から議論の俎上に載せる。また西洋の偉大な哲学者、神学者、思想家の動物観をとりあげ「種差別（speciesism）」のレッテルを貼っていく第5章は壮観ですらある。ちなみにカントは動物を人間の道具としてしか扱わないから「種差別主義者」というわけだ。逆にいえば、動物を道徳的に扱うというのは、いわばダーウィン進化論を逆方向にした革命的な発想の転換なのである（道徳哲学者ジェームズ・レイチェルズによれば、ダーウィンの人間観をまじめに受け止めるならばこういう帰結になるほかはない）。人間の道徳共同体にヒト以外の動物を加えようというのだ。叩けば痛いであろうと分かっている動物を叩くことができるのか、死を察知することのできる動物に死を与えることができるのか。象やカバには死者を弔う独特のやり方があるという。しかし、だから、どうなのだ。シンガーは人々を説得し変換を迫るには、「情緒や感情」「同情や思いやり」に訴えるのではなく「理性」に訴える議論が必要だという。それでも、だから、どうなのだ。「理性」では分かっていても実行するとはかぎらない――そもそも人間とは「矛盾」した存在なのだから。

人々は『動物の解放』の「道徳理論」(この点はあとで触れる)に関心をもつというよりは、むしろ、「動物実験」や「工場畜産」にかんする圧倒的な量の情報に強烈な印象を受けたであろうと思われる。文章として読むと、そこに再現される凄惨をきわめた動物の扱いは人間業とは思われず(いや人間にしか為しえない業というべきか)、まさに身の毛もよだつというのがふさわしい。上下二段組みで一五〇頁、動物たちが受けている地獄の苦しみが延々と書き連ねられていく。だれしも、おもわず目を背け耳を覆わずに読みとおすことはできないだろう。そのうえで、食糧危機のために餓死する者がいるとき、肉食はつまるところ食人(カニバリズム)ですらあると示唆するのだ。

もちろんシンガーに対する反対意見もある。「動物が苦痛を感じることを私たちはどうやって知るか」「動物は互いに食い合っている、それならどうして私たちが動物を食ってはいけないのか」等々。こうした反対意見にはシンガー自身が答えているが、ここではいちいち触れない(『実践の倫理』を参照していただきたい)。

ただ、ひとつだけ例をあげるならば、『反動物解放論(*Against Liberation*)』(一九九一年、未邦訳)の著者マイケル・リーヒーは、クッツェーの『動物のいのち』の脚註において名指しで非難され、シンガーにも「弁解の余地がない」と断罪されている（邦訳『実践の倫理』では「リーイ」と表記されているが、本書では英国の一般的発音に従い、「リーヒー」とした）。リーヒーに対するシンガーの反論の「論理（修辞？）」はおよそこうである。動物は言語を欠いているから、意図をもったり、「理由のある」行為をしたりすることができない、とリーヒーは言う。だが言語を習得していない幼児や、重度の知的障害者はどうなのだ。言語をもたないからといって、「人格」としての配慮をしないでよいということになるのか。（それがよくないならば）ザトウクジラの美しい旋律のある歌や、イルカのブンブンいう笛のような唸り声は、たしかに人間の言語ではないが、「コミュニケーションの手段」である（の<ruby>だ<rt>ヽ</rt></ruby><ruby>か<rt>ヽ</rt></ruby><ruby>ら<rt>ヽ</rt></ruby>、乳幼児や重度の知的障害者のように道徳的人格を認めるべきだ）（手品の種はこの「だから」であると言えば言い過ぎになるだろうか）。シンガーは結論を急ぐあまり、リーヒーの論点を微妙にずらしている。リーヒーの言い分は、たとえば「ザトウクジラの美しい歌」という記述（擬人化）がどの程度妥当なのかということだったのだから。動物の権利を擁護する運動の言い分を「ナンセンス」と断じて評判になったリーヒーであるが、擁護派からの風当たりもそうとう強かったようだ。本書でダイアモンドは少し違った角度からリーヒーを論じている。

一九七〇年代ではほかに、スティーヴン・クラークの『動物の道徳的地位（*The Moral Status of Animals*）』（一九七七年、未邦訳）がある。それによれば、不必要な苦しみを与えないという伝統的な原則からして、動物の扱いで道徳的に正当化できるものはほとんどない（スティーヴン・クラークの『動物の道徳的地位』にかんしては、あとで触れるバナード・ウィリアムズの（手厳しい）評を参考にしていただきたい）。

トム・リーガンの『動物の権利擁護論（*The Case for Animal Rights*）』（未邦訳）が刊行されたのは一九八三年である。彼は、シンガー流の「動物の福祉」や「道徳的考慮」からもう一歩さきに行き（これが決定的）「動物の権利」を提唱する。人間は目的として扱われるべきで、手段として扱ってはならないというカントの考えを動物にまで拡張する。動物の一部を「人格をもつ生き物の範疇」にくわえるという驚嘆すべき道が開けてきたともいえる。

こうした動きはまだ「周辺的」であり、もっぱらアメリカ本土にとどまっていた。しかし一九九〇年代以降、動物の権利の擁護運動は政治的・法律的な論争の中心を占めるようになる。一九九三年には、動物の権利を擁護する人たちが結集して「大型類人猿の権利宣言」が採択されて話題を呼んだ。この宣言にはスティーヴン・クラークやジェームズ・レイチェルズが名を連ねているが、なかでも法律学者ゲアリー・フランショーンの論文「人格、所有物、法的能力」は驚くべきものである。類人猿を「法的人格」として主張しようというのだから。

動物の権利をめぐる論争は国際的なものになっていき、二〇〇二年、ついにドイツ連邦議会はヨーロッパで初めて動物の権利を保障する議決をする。動物学の研究が進めば、今後、類人猿の「権利」から、もっと広く哺乳類一般の「権利」が視野に入ってくるであろう。「道徳的配慮」から「権利」への一歩は後戻りのできない飛躍だといわねばならない。ニューヨーク州法の下では、動物を収容する者は、動物に清浄な空気、水、住居、食物を提供しなければならない。動物を鉄道車両もしくは一般車両で移送する場合、五時間ごとに動物を車両からそとに出して休憩と食物と水を与えねばならない。動物（ペットをふくむ）を遺棄した者は刑事罰に処される。動物を不当に働かせてはならない。等々。

「動物の権利」はどこまで拡張されていくのだろう。いずれ「外堀」は埋めつくされるのかと、ちょっと不気味なものを感じる人は多いだろう。捕鯨やイルカ漁に反対する運動は、たいていの日本人からすれば、たしかに奇矯で狂信的なものに見える。だが一方で、それはいわば全体の一部にすぎないともいえる。部分だけを見ていては全体の判断を誤るかもしれない。

*

ところで、本書の中心の位置を占めるのは、おそらくコーラ・ダイアモンドの論文「現実のむずかしさと哲学のむずかしさ」であろう。だから、まずはそれを読んでいただきたいのだが、「動物のいのち」についてではなく、クッツェーの異色の小説『動物のいのち』の主人公「エリザベス・コステロ」について多く論じられているのを見て面食らうかもしれない。そこで多少の補足説明をしておきたい。

コーラ・ダイアモンドはウィトゲンシュタイン解釈を新たな方向（倫理的な観点を重視する『論考』解釈）へ引っ張っていく第一人者であると同時に、道徳的に生きるとはどういうことかを思索の中心におく哲学者である。邦訳には、『現実に臨む精神』（*The Realistic Spirit*）に収録されている論文「謎なぞとアンセルムスの謎」（樋口えり子訳、『現代思想』一九九八年一月号「特集 ウィトゲンシュタイン」）がある。

一九七八年（いまから三〇年以上まえ！）、ダイアモンドは論文「肉を食べることと人を食べること」で、シンガーやリーガンが「菜食主義」や「動物の権利」を主張するときの「議論の仕方」を批判した。念のためにいえば、「動物の解放」運動それ自体を批判したのではなく、あくまでも「議論の仕方」に疑念を表明したのである。

シンガーの狙いは「種差別」という偏見をなくすことである。性差別や人種差別が偏見であったように、動物を食べるために殺すことを認めるのは「種差別」であり偏見である。「動物には理性がない、だから私たちには動物を食べるために殺す権利がある」と言いながら、一方で、理性が発育しなかった人や、その種の能力が破壊されてしまった人に同じことを言わない。ここにはあからさまな差別がある。そこでシンガーは、利益をもつことのできるいかなる存在にかんしても、その利益に対して同等の配慮をしなければならないと結論する。利益をもつ能力は、根本的に、苦しみや喜びをもつ能力に依存する。この能力は私たちと動物とが共有する能力である。

ダイアモンドによれば、こうしたシンガーの主張は、一九世紀に女性の解放を訴えたミルの論理をそのまま踏襲している。ミルは、あらゆる男（men）の権利を求めて戦いながら、女（women）の権利については口をつぐんだチャーティスト運動を非難する。権利への関心を男の権利だけに限定するのは「平等」権をみずから否定するものではないかと。それから百年以上たって、いま道徳的関心を人間（human animals）にのみ限定するのは、同じように平等を否定するものではないか。人間（human beings）を「human animals（ヒトという動物）」と表記するところが、この議論の特徴のひとつである。それによって強調されるのは、黒人（blacks）や女性（women）という言い回しをする私たちの言語そのものに偏見がふくまれているように、人間以外の動物（non-human animals）という言い回しそのものが動物への偏見を表す点である。「人間」から「人間以外の動物（アニマル）」を区別するために、単に「動物（アニマル）」という語を使う。まるで私たち自身が動物ではないかのように。これこそ偏見ではないか。

「すべての動物がもつ権利に対し人間と等しい配慮が与えられるべきである」との要求にもとづいて、シンガーやリーガンやライダーは、食用のために動物を殺すことをやめなければならない、そして科学的研究のために動物を利用することを徹底的に削減しなければならないと主張した。

だが、こうした議論は混乱している、とダイアモンドは言う。

彼女はこんなふうに口火を切る――菜食主義や動物の権利にかんする議論はおうおうにして人間

の権利についての議論から始められる。人がしかじかの権利をもつと主張する根拠は何かと問い、結局のところ、似たような根拠が動物の場合にも見いだされないだろうかと問うわけである。だが、この種の議論は的を外している。なぜなら彼らはこう問うからである。すなわち、肉を得るために私たちはすすんで動物を殺したり、動物を苦しめるような仕方で動物を扱ったりするのに、なぜ私たちは食べるために人を殺さないのか、あるいは、なぜ私たちは苦しみや不安を与えるような仕方で人を扱わないのか、と。これはまったく間違った議論の始め方である。なぜならこの議論は、人を殺すかどうか、人をどう扱うか、において決定的なのは**権利**ではないという事実を見そこねているからだ。私たちは**死んだ人を食べない**。たとえ自動車事故で死んだ人であろうと、雷に打たれて死んだ人であろうと。あるいはそれが最高級の肉であろうと。たとえ死んだ人を食べるとしても、極限状況においてであるか、特殊な儀式においてであろう。その場合でも、ひどく嫌悪しながらそうするのである。私たちが死んだ人を食べないのは、食料や他の目的のために人を殺すのが嫌だからではない。すでに死んだ人の苦しみを論点にしては、人を食べる行為の何が悪いかを明らかにすることができない。

　さて私たちは、すでに死んだ人を食べず、また食べるために人を殺しもしない、とするならば、この二つには相互に関連する理由があると見てもいいだろう。またそれゆえ、関連するこの理由を調べたうえで、人を食べない理由で動物を食べない理由にならないような理由はないと主張しなければならないだろう。この問題を論じるとき、人を殺さない理由や人に苦しみを与えない理由にのみ焦点をあてるならば、私たちと他の人間とを関係づける根本的な特徴――私たちが人を殺さないという事実の前提となる特徴――を、議論の埒外に放置することになる。

動物を食べない、動物の生存権を尊重する、動物を苦しませない、といった議論がなされるときに見失われているのは、私たちと他の動物との関係という論点なのである。単に苦しませないというのであれば、親切にも雷に打たれて死んでくれた牛をベジタリアンが食べても、おかしな点、奇異な点はまったくないということになる。つまり、その議論のなかには、牛は食べるべきものではないということを示唆するものは何もふくまれていないのである。

一九九九年、ダイアモンドはインタヴューに答えて「クッツェーの講義が虚構の形式をとりながら」、私たちの動物の扱いや、それに心を閉ざす仕方に如実に現れている「悪の深み」をとらえていると評価する。シンガーには、このクッツェーの講義が単なる「議論を提示する特殊な仕方」にしか見えない。「彼はこれを倫理的思考として見ることができないのです」。クッツェーがやっているのは、こういう言い方がお望みならば、倫理的問題の解決法を発見する試みよりも、世界内に存在するほうが、呆然自失し、狼狽し、傷つくことの多い私たちの生活に応答するほうが先立つことを示すことである。

*

バナード・ウィリアムズは「非常に単純化すれば」と断ったうえで、「種差別」を論拠にして「動物の権利」を主張するときの問題点を三つあげている。

一つは、動物に苦痛を与えないということには十分な理由があるが、これを「権利」によって基礎づけても、レトリックを用いることにはなっても、それで特定の論点が打ち出せるわけではない。権利とは倫理的理由の中でも特殊なものであって、期待を保障するということによって最もよく説明されるものであり、人間以外の動物には適用されない考え方である。第二に、その基礎が、苦痛のレベルを低下させるという、最も功利主義的なものとして理解されてよいのなら、なぜ私たちはわずかでも時間を割いて自然の取締まりにコミットしないのか、その理由がはっきりしない。最後にこの問題については別の議論もある。その議論は、私たちと動物の関係を一般的な目的論によって基礎づけることによって、動物を手段としてではなく、私たちと共に世界を共有するものとして考える。しかし、私たちと他の動物との「自然な」関係を現実的に見るならば、私たちがそれら他の動物を食べることがどうして排除されるのか？　私にはわからない。（邦訳『生き方について哲学は何が言えるか』三五三頁）

三つめの問題点（「別の議論」）は、さきに挙げたスティーヴン・クラークの『動物の道徳的地位』に言及したものである。「動物を手段としてではなく、私たちと共に世界を共有するものとして考える」のはかまわないが、そのことと肉食とは何ら矛盾しないという指摘はもっともである。また「種差別」を「人種差別」や「性差別」と相似した偏見とみなすには無理があると言う。ウィリアムズは、「種差別」を偏見とみなす人々にとって、「人間主義」という名称のほうがその性格をはっきり示すであろうが、これは偏見ではないと指摘する。「世界を人間の観点から見ることは、人間にとって馬鹿げたことではない」。そして「私たちの問題は、人間にとって人間が重要であるか、ということなのである」と言ってからこう続ける。

人間以外の生物に対する関心は、確かに、人間の生活のなかで一定の位置を占めるべきである。しかし、私たちは、ただ私たち自身の自己理解によってのみ、その関心を獲得し、育て、他の人々に教えることができる。人間は理解すると同時に、理解される対象でもある。この点で、人間相互の倫理的関係は、常に人間と他の動物との関係とは異ならざるをえない。これは、両者の違いが現れる基本的な点の一つである。動物をどう扱うべきかという問を発する前に、この問――動物をどう扱うべきかという問――しかありえないというのが、根本的に重要である。この場合の選択肢は、動物が私たちの実践から利益を受けるか、あるいは害を受けるか、のどちらかでしかない。それゆえ、種差別主義が人種差別主義や性差別主義をモデルとするのは誤りである。後者二つは、本物の偏見なのである。世界の理解の仕方として、取り除くことのできない白人的理解や男性的理解があると想定しよう。さらに、その場合の唯一の選択肢が、黒人や女性が「私たち」（白人、男性）の実践から利益を受けるか、あるいは害を受けるか、のどちらかでしかない、と考えよう。こう考えれば、これはもう偏見に侵されているのである。しかし、人間の動物に対する関係の場合は、これと同じように考えることが、まさに正しいのである。（同前一九六頁）

*

ダイアモンドがシンガーやリーガンの「議論」を批判してから四半世紀がたち、彼女がクッツェーの「タナー記念講義」に見いだしたものは、みずからが探求してきた「倫理的思考」のひとつの具体例であったと言えるだろう。

本書では、ダイアモンドの「クッツェー論」を受けるようにして、カヴェルがクッツェーを論じている。マクダウェルもクッツェーに触れ、「序」を担当したウルフや、「むすび」を担当したハッキングは、クッツェーの講義「動物のいのち」だけでなく、他の作品にも言及している。

では、クッツェーとは何者か？　二〇〇三年にノーベル文学賞を受賞したジョン・マックスウェル・クッツェーは、一九四〇年、南アフリカのケープタウンで生まれた。今年（二〇一〇年）は、奇しくもサッカーのワールドカップが南アフリカで開催されているが、この国の歴史は差別と暴力の歴史であった。南アフリカの治安の悪さばかりが（日本の）マスコミの話題になっているが、ワールドカップ開催期間中に少しでも南アフリカの過去と現在を報告する新聞記事なりテレビ番組なりがあることを願うばかりである。

一九世紀末から二〇世紀初めまで続いたボーア戦争ののち、イギリス自治領となり、イギリス連邦内の主権国家を経て、一九四八年、アフリカーナ（オランダ系ボーア人）による国民党が政権を握る。このときから一九九一年に撤廃されるまで人種隔離政策（アパルトヘイト）がとられた。

こう見ると、クッツェーの経歴はアパルトヘイトの歴史（つまり差別と暴力あるいは拷問の歴史）とほぼ重なっている。クッツェーの主人公は暴力を被り、あるいはみずから暴力と悪に染まり、人生のどん底に落ちていく場合が多いけれど、結末では何ともいえない明るさが染み出てくるような印象を覚える。クッツェーの作品は近作や評論を除いて、ほとんどが邦訳されている。ノーベル賞を受賞するまえに、『マイケル・K』と『恥辱』（どちらも傑作！）で英国のブッカー賞を二度受賞しているが、カフカとベケットの影響を受けているその作風は硬質で、テーマも重く、そうとうの覚悟で読まねば跳ね返されるかもしれない。

さて、本書で大きく取りあげられるのは彼の『動物のいのち』である。

一九九七～九八年、クッツェーは「動物のいのち」と題して二回のタナー記念講義を行なった。どういう経緯があってクッツェーがプリンストン大学に招待されたのかは分からない。しかしエイミー・ガットマンの「はじめに」によれば、クッツェーの講義は「ある重要な倫理的問題すなわち人間による動物の扱い方という問題に焦点をあてている点では」例年のタナー記念講義と変わらないとあるから、その種の内容要請はあったのだろう。だがクッツェーの講義は「哲学的エッセー」という形式をとる例年のタナー講義とはまるで違っていた。クッツェーはいわば劇中劇を仕掛けるのである。つまりこうだ。南アフリカ出身の小説家クッツェーがプリンストン大学において行なう講義の中身は「オーストラリア出身の女流小説家エリザベス・コステロがアップルトン大学に招かれて講義をする」フィクションなのである。

なぜ、このような手の込んだ仕掛けをするのかについては、いろいろな議論がある。しかし、ここでは話を単純にする。おそらく専門の研究者にしか読まれないであろう文献への脚註が付いているクッツェーの講義を、一風変わった講義として素朴に受け取ってもいいのではないか。講義の主人公エリザベス・コステロはクッツェーそのひとの分身であると。じっさい講義会場にいた聴衆は途中から、コステロが話しているのか、クッツェーが話しているのか区別がつかなくなったであろうと思われる。

つまりクッツェーにとって「コステロ」は仮面のようなもので、仮面を付けることによって「本音」が言えるということだと思う。「クッツェー」という仮面には、かえって余計な色がつきすぎているというか、クッツェーが「本当の自分」になるために「コステロ」を必要としたというわけである。

　このタナー講義が、哲学者・文学者らの論評とともに一冊の本にまとめられたのが『動物のいのち』である。たぶん講義会場に、論評者であるエイミー・ガットマン（政治哲学、プリンストン大学教授）（「はじめに」を担当）、マージョリー・ガーバー（英文学、ハーバード大学教授）、ピーター・シンガー（道徳哲学、モナシュ大学教授）、ウェンディ・ドニガー（宗教史、シカゴ大学教授）、バーバラ・スマッツ（心理学・文化人類学、ミシガン大学教授）、といった面々も列席していたと思われる。

　クッツェーの第一回目の講義は「哲学者と動物」と題されている。コステロの「講義」と「そのあとのディナー」が描かれる。コステロには「ジョン」という息子がいて、その妻（義理の娘）「ノーマ」とコステロは反りが合わない。ベジタリアンを嫌う義理の娘ノーマが狂言回しのような役割を演じている。

　コステロの講義が始まる。ホロコーストの残虐性を表すのに用いられる「ユダヤ人が羊のように屠殺された」という比喩を、コステロは「動物はユダヤ人のように殺される」というふうに反転させて使う。これが作中の「アップルトン大学の聴衆」や、現実のプリンストン大学に集まった「評者たち」や、そして『動物のいのち』の読者に、衝撃と動揺を与えることになる。ピーター・シンガーが会場にいたとしたら、たぶん、どこかで聞いたような話だと思ったかもしれない。なぜなら、シンガーの「動物解放論」こそが同種の比喩を使っているのだから。クッツェーがシンガーの前でことさらに菜食主義を提唱する必要はないのだ（クッツェーの講義から数年後、ホロコーストで殺されたユダヤ人の死体の写真と屠殺された家畜の写真を並べて展示した「動物擁護運動」の活動家が謝罪する事件もあった）。クッツェーの主題を「動物解放論」と見るのは、やはり無理があると言わねばならない。本書に引きつけていえば、「私は心の哲学者ではなくて、学者たちの集まりで自分の傷をさらけ出しながらも、それを表には出していない動物なのです。私は傷を服の下に隠しています。けれども語る言葉のすべてで、その傷に触れています」（本書一五二頁参照）という一節のほうにクッツェーの主題があると見ることができる。コステロは一見シンガーたちの思潮に棹さしているように見せながら、そこから微妙にずれている。このずれの感覚がコステロの講義のすべてであろう。私たちが動物に行なっていることに恐怖し、その動物への行ないを意識から消し去っていることに恐れおののくコステロ。菜食主義者になったのは道徳的信念からかと訊かれて「いいえ、自分の魂を救いたいからです」とコステロは答える。どこか狂気じみていて、支離滅裂、ベジタリアンでありながら、革靴をはき、革のハンドバッグをもっている。これを「矛盾」と見るか、「傷」と見るか。ダイアモンドはここに「倫理的思考」の萌芽を読みとっている。

第二回目の講義は「詩人と動物」と題されている。こちらは「シンポジウム形式の質疑応答」が描かれている。冒頭、エイブラハム・スターンという詩人（作中人物）からの「抗議」の手紙が挿入される。類似性を冒瀆的に誤解することによって「あなたは、死者の霊を侮辱しているのです」。こうして、ひとりの傷ついた人間がもうひとりの傷ついた人間を傷つけ、そうすることでみずからの傷をさらに深めてしまうのだ。

セミナー室ではコステロがヒューズの詩「ジャガー」を例に「動物の生活」とはどんなものか説明している。ここでもコステロは「菜食主義」の議論に知らず知らず巻き込まれていき、みずからの「矛盾」をさらけ出さずにはいられない。最後は、アップルトン大学の哲学教授トマス・オハーンとのディベート形式による会合(セッション)だ。見ようによっては、でこぼこコンビの漫才とも、ベケットの不条理劇とも見える。

オハーンが自分の見解を三回述べ、コステロが三回それに答えるという合意ができている。オハーンはまえもって見解の要約をコステロに渡してある。「動物の権利擁護運動は人権運動と同様に西欧の規範にすぎない。それを他の地域に押しつけるのは問題があるのではないか」「科学的研究によれば、どんなに知的な動物であれ、人間の知的能力とは比べるべくもなく低水準であり、法的権利は享受できないとする伝統的見方には道理があるのではないか」、最後は「いのちは動物にとって、私たちにとってほど重要ではない」ことを説得的に述べ「動物の権利を求める運動が、説得力に欠け、つまるところ無意味だと思うのは、その運動があまりにも抽象的だからだ」と締めくくる。オハーンの理路整然とした議論に反論して、動物擁護論を展開することはコステロにとって重要なことではない。議論ではないのだと言いながら、議論（のまねごと）をし、これは議論ではないと泣き言を言うコステロの応答は、その「傷」を注視しながら読まねばならないのだろう。だがコステロは、次第に支離滅裂に、しどろもどろになっていき、とうとう「私はだれか別の人と話します」と言って一連の行事を終えるのだ。

*

本書は一見、五人の論者が個々に動物を論じた「論文集」のように見える（が、そうではない）ので、少し本書成立の事情を説明しておきたい。

ことの発端は、コーラ・ダイアモンドが発表した論文「現実のむずかしさと哲学のむずかしさ」であった。この論文の後半は、ノーベル賞作家クッツェーの思考とカヴェルの思考とを繋げる試みである（カヴェルの思考といっても、一九七九年に刊行された彼の主著『理性の呼び声』が未訳であり、原文で読むといっても、四部構成、五〇〇頁余りの難解で知られる英文を読みとおすのは気の遠くなるような――無謀な――試みだ。三〇年以上もこの本は日本語になることを拒んでいるというべきか、日本語共同体がこの本を打ち棄てたままであるというべきか。ダイアモンドの論文はクッツェーの講義を使って、そのカヴェルの世界へのひとつの近づき方を示唆している）。

ダイアモンドの論文は二〇〇二年に「カヴェルにかんするシンポジウム」で発表されたものであり、会場にはカヴェルそのひとが列席していた。二〇〇六年、この論文は論文集『カヴェルを読む』に収録された。そして二〇〇七年、そのカヴェルが『ダイアモンドを称える記念論文集』に発表した論文が本書の第2章「伴侶的思考」である。そのさい、本書の第3章であるマクダウェルの「スタンリー・カヴェルの『伴侶的思考』についての論評」も同時に掲載された。

こうして、ダイアモンド、カヴェル、マクダウェルによる、内容が密接に関連しあった三つの先行する論文が出揃ったわけである。そこへ二〇〇八年、この三つの論文に「序」と「むすび」を付してコロンビア大学から刊行されたものが本書である。

「むすび」を担当したイアン・ハッキングはカナダ出身の才気煥発な科学哲学者である。科学哲学者には珍しく日常言語哲学（オースティン）を高く評価し（『表現と介入』）、パトナムにオースティンの重要性を示唆したひとりである。ダイアモンドやカヴェルやマクダウェルとは絶妙な距離を保つハッキングの、いかにも彼らしい視点の広げ方を楽しんでいただけると思う。

「序」を担当したケアリー・ウルフはダイアモンドの思考をデリダやハイデガーの「死の（不）可能性」の問題へと繋げる試みである。けれども素朴な感想としていえば、「死ぬことができない」というのは中身のある逆説なのだろうか。「死の不可能性」と「倫理の可能性」とはどう繋がるのか。それを抜きにして、ウルフはデリダの「写真論」や「亡霊論」をもちだしているように思われる。おもしろい論点ではあるが、後半ますますクッツェーやダイアモンドの基調から離れていくように思われ、本書全体の「序」としては苦しいかもしれない。

＊

本書を読むにあたって必要になるかもしれない予備知識を述べてきた。いよいよ五人の論者たちの雄勁かつ繊細な思考を直接味わっていただくときである。蛇足ながらひとつ付け加えるならば、まずはダイアモンドのいう「倫理的思考」の一端を理解するために、第1章「現実のむずかしさと哲学のむずかしさ」から入っていただければと思っている。

参考文献

ピーター・シンガー編著『動物の権利』（戸田清訳、技術と人間、一九八六年）
ピーター・シンガー著『動物の解放』（戸田清訳、技術と人間、一九八八年）
バナード・ウィリアムズ著『生き方について哲学は何が言えるか』森際康友＋下川潔訳、産業図書、一九九三年）
マリアン・S・ドーキンス著『動物たちの心の世界』（長野敬他訳、青土社、一九九五年）
フランス・ドゥ・ヴァール著『利己的なサル、他人を思いやるサル――モラルはなぜ生まれたか』（西田利貞＋藤井留美訳、草思社、一九九八年）
ピーター・シンガー著『実践の倫理』（山内友三郎＋塚崎智監訳、昭和堂、一九九九年）
パオラ・カヴァリエリ＋ピーター・シンガー編著『大型類人猿の権利宣言』（山内友三郎＋西田利貞監訳、昭和堂、二〇〇一年）

ジェームズ・レイチェルズ著『現実をみつめる道徳哲学』(古牧徳生+次田憲和訳、晃洋書房、二〇〇三年)
山内友三郎+浅井篤編著『シンガーの実践倫理を読み解く』(昭和堂、二〇〇八年)
Cora Diamond, *The Realistic Spirit: Wittgenstein, Philosophy, and the Mind*, Cambridge: MIT Press, 1991.
Cass R. Sunstein, Martha C. Nussbaum (eds.), *Animal Rights: Current Debates and New Directions*, Oxford: Oxford U. P., 2004.

*

クッツェー他著『動物のいのち』(森祐希子+尾関周二訳、大月書店、二〇〇三年)
田尻芳樹編『J・M・クッツェーの世界』(英宝社、二〇〇六年)

[平成二二年六月一四日]

INTRODUCTION

EXPOSURES

Cary Wolfe

序

露わさ

ケアリー・ウルフ

クッツェーの小説『恥辱』は、文学を専門とする南アフリカの大学教授デイヴィド・ルーリーの物語である。女子学生と関係をもち、セクシュアル・ハラスメントのかどで告発された主人公ルーリーの教授生活は卒然として終わりを告げる。彼は自分の娘のルーシーが小さな農園を経営する田舎へと引っ越していく。そして地元の動物保護施設でボランティアを始めることになる。彼はそこで引き取り手のない多くの動物おもに犬を安楽死させる手助けをする。ルーリーは自分を「感傷的な人間」（彼の言葉を借りれば）だと思ったことはいちどもない。ただその仕事を不本意ながら始めただけだ。だがやがて彼はしだいにのめりこんでいく。[1]「彼はそういうことに慣れていくだろうと思っていた」。クッツェーはこう書いている。「だがそうはならなかった。犬殺しを手伝えば手伝うほど、彼はますます神経過敏になっていく」。ある日曜日の夜、動物愛護クリニックから車で帰宅する途中、発作が彼を襲う。「じっさい彼は道ばたに車を停めて、体調が回復するのを待たねばならない。彼の顔を涙が止めどもなく流れ落ちる。手が震える。彼はわが身に何が起きているかを理解できない」。彼には理解できない理由から「手術室で起きていることが彼の全存在に襲いかかる(2)」。

クッツェーの小説は感情的にも政治的にも複雑な構造をもつが、この場面は、彼の同時期の作品『動物のいのち』(本書を構成する諸論考の試金石になっている)の一節をいわば増幅している。『動物のいのち』の主人公である小説家エリザベス・コステロは、たとえば工場方式による畜産場のような場所で私たちがヒト以外の動物をどのように扱うか、その扱い方に取り憑かれている——コーラ・ダイアモンドが論考「現実のむずかしさと哲学のむずかしさ」において印象深く使う比喩を借りれば「傷ついている」——。コステロは、工場畜産において行なわれているシステム化され機械化された屠殺を、その規模と残虐さにおいて、第二次世界大戦中のユダヤ人大虐殺になぞらえる(これが一部の人を仰天させる)。招待されて行なった公開講義の前半を終えたあとのディナーの席で、彼女は招待した側の学長から、彼女の菜食主義が「道徳的信念にもとづくのか」と訊かれ、主催者側の予想を裏切りつつこう答える。「いいえ、そうではありません。自分の魂を救いたいからです」。そして「なるほど、その点についても大いに尊敬申し上げます」という丁重な応答に、彼女は「私は革靴をはき、革のハンドバッグももっています。私があなたでしたら、あまり尊敬などいたしませんけれどね」と言い返さずにはいられない。[3]

コステロに取り憑いているもの、そして、あの夜帰宅途中のデイヴィド・ルーリーをだしぬけに足下から震え上がらせたものが、現代の主要な倫理的問題のひとつとなっているものの核心をなしている。すなわち私たちがヒト以外の動物に対してもつ道徳的責任である。しかしクッツェーの作品におけるこの二つの場面は、何か別のことをも要求している。それは、違った仕方で、私たちが「人間的なもの」と呼んでいるものの基盤そのものをぐらつかせ、そうすることで、いましがた提示した（私たちが動物に対してもつ「倫理的問題」としての責任という）特徴づけが、容易に片づかない問題に対する一種の回避であることを明らかにする。というのも、この二つの場面は、ある別種の「語ることの不可能性」を認めているのだから。これは工場畜産において私たちが行なう動物の扱いを語ることの不可能性だけではなく、そうした現実に直面したときの私たち自身の思考の限界を語ることの不可能性でもある。ダイアモンドの表現を借りれば、「私たちは、現実にある何かが、私たちがそれを思考することに抵抗しているように思われる経験をもつ、あるいは場合によっては、それが説明不可能であることに痛みを覚えるような経験をもつ」、これはそうした経験のトラウマである。[4]

（ポスト）啓蒙主義の哲学的伝統の観点からすれば、これはよく哲学的「懐疑論」の問題として言及される。またダイアモンドの喫緊の関心事のひとつは、本書を根底において導く二つの問い（哲学的懐疑論がどのような倫理的帰結をもたらすかという問いと、私たちはヒト以外の動物に対しどのような道徳的責任をもつかという問い）が、どの程度、同じ問いの異形であるか、もしくは、ないかなのだ。だからといって、本書に収録された諸論文がこの点について意見の一致を見ているというわけではない。それどころか、この問題にかんして三者の見解はかなり異なっているように私には思われる。この状況がとりわけ明確になるのは、マクダウェルがカヴェルとダイアモンドに応答し、そして、この問題に対するカヴェル自身の洞察をカヴェルがどこまで正当に扱っているかを論じるときである。一方カヴェルはここ四十数年間の永きにわたって、驚くようなきめ細かさと広がりをもって、懐疑論の問題を探究してきた。カヴェルは（とりわけ）カントやデカルトやエマソンやウィトゲンシュタインやオースティンやハイデガーのような様々な人たちを通じて、彼のいう懐疑論に対するカント的な「決着」を見たあとに、哲学をすることにどんな意味があるかという問いの帰結を探究してきた。彼は『日常的なものの探求』においてこう述べている。「懐疑論と決着をつけるために（……中略……）、私たちが世界の存在を認識していると、あるいはむしろ、私たちが認識として理解しているものが世界にかかわっていると保証するために、カントが私たちに求める代償は、もの自体を知るとのいかなる要求も断念すること、人間的認識はあるがままのもの自体にかかわっていないことを認めることである。この決着に対してときに「ありがた迷惑だ」

と感じるのにロマン主義者である必要はない——必要がある？」[5]。しかしカヴェルのカント読解によれば、私たちが知ることのできる単なる現象（フェノメノン）の世界と、私たちの知識が触れることのできないもの自体（ヌーメノン）の世界とのあいだの差異を論理的に導出することによって「理性はみずからの力をみずからに示し、みずからを支配する」[6]。だとすれば、そのとき私たちは単に奇妙であるだけでなく実のところきわめて不安定な立場に身を持していることに気づく。というのもそのとき哲学は根本的な意味でまさに成功するかぎり挫折するからである。私たちは知識を得るが、しかし結局は世界を喪失する。

こうして懐疑論のあとの問いはこうなる。ある意味で哲学が不可能になったあとで哲学をする（しつづける）ことが何を意味しうるか。（ここに収録された諸論考を信じるならば）その問いはたとえば次のようなことを意味しない。世界からの「抵抗」（ダイアモンドが小説家ジョン・アップダイクから借用した言い回しを使えば「現実のむずかしさ」）が、かつてなく巧妙なあるいは完成度の高い論理運用やかつてなく洗練された哲学的概念によって解消され克服されうるだろう。じっさい、その可能性があると考えること——つまり「哲学のむずかしさ」を「現実のむずかしさ」と勘違いすること（『動物のいのち』に応答する哲学的な「リフレクションズ（五人の哲学者、文学者、霊長類学者などによる論評）」がそうである、とダイアモンドは示唆する）——は、とりもなおさず、熟練した分析的論証によっては捉えきれないような仕方で私たちに侵入する（impinge）

（「降りかかる」とかつてウィトゲンシュタインは言った）現実からの「逸れ」（カヴェルの言葉を借りれば）にふけることである。（ダイアモンドによれば、だからこそエリザベス・コステロはみずからの菜食主義を擁護する議論を展開しないし、またそれだからこそコステロは動物製品に対する彼女自身の実際の行ないが首尾一貫していないとすぐさま指摘するのである。）クリニックから車で帰宅中のデイヴィド・ルーリーを襲うのがあの侵入（impingement）であり、現実からの「圧力」なのだ。彼には自分に何が起こっているのかまったく分からない。彼は身に起こったことの理由をもたないし、何が起こったかを説明することもできない。にもかかわらず、それはこの世でもっともリアルなことなのだ。

哲学にとってのこうした根本的な課題（同時に哲学に対する根本的な要求）は、カヴェルにとってこのうえなく重要な哲学者ラルフ・ウォルドー・エマソンの読解において探求されている。エマソンはもっとも重要な論文「経験」のなかでこう書く。「あらゆる対象は、私たちがそれをしっかりつかもうとするとき指のあいだから滑り落ちてしまう。このはかなさと捉えがたさを、私は、私たちの条件（コンディション）のもっとも醜い部分だと思う」。カヴェルにとって、この瞬間は懐疑論との対決を表す（レジスタ）。そしてさらに、その対決のあとで哲学がどう変化しなければならないかへの理解をも表す（ヴォイス）。カヴェルによれば、ここでいう「つかみがたく醜い（unhandsome）」ものとは、カント的なもの自体であるだけでなく、「対象をつかむことによって対象との隔たりを否定しようとするとき、いいかえれば、思考すること、つまり判断において概念を適用することを、何かを把捉することとみなすときに生じているもの[7]」でもある。あの「逸れ」に身をまかすとき、私たちは、理解しようとする世界と思考とのあいだの溝を——「しっかりつかもうとするとき」——深めているだけなのである。一方、つかむことの反対とは——おそらくカヴェルが「私たちの条件のもっとも麗しい（handsome）部分」と呼ぶもの——「判断における、つまり概念の展開における統一性の要求は、人間であること（humanness）が条件をもつ、あるいは限界をもつということの表現ではなく、人間であることを逃れようとする人間的な努力の表現である[8]」という事実に向きあうことなのだ。

　こうした議論は、私たちとヒト以外の動物との関係という問題を置き去りにしてしまったと思われるかもしれない。しかしカヴェルやジャック・デリダのハイデガー読解は私たちにこう気づかせてくれる。思考と種差にかんする手の比喩は哲学的人間主義の急所であると。カヴェルが指摘するように、「思考は手仕事である」というハイデガーの名高い主張には、単に人類学的な意味においてだけでなく存在論的な意味において人間を動物から分離する「ほかの指と向かいあう親指の幻想[9]」がひそんでいる。デリダが強調して引くように、ハイデガーによれば「たとえば、猿にはものをつかむ器官はあるが、手はない」。猿の存在は、思考に傾注されるというよりは、むしろ有用性に従属しているのだから。そして物を「物として」反省することは、言語をもつ存在者にとってのみ可能なことである[10]。こうして「つかむこと」あるいは「にぎること」——ハイデガーにとって、その極致は技術による世界支配であろう――の反対は、いわば「受容すること」つまり歓迎することである。[11] ところでデリダによれば「ハイデガーが私たちに考えるよう呼び求めているように、もし手の思考あるいは思考の手があるとすれば、それは概念的な把握の次元には属さない。むしろこの手の思考は贈与の本質に、それが可能であるならば、何もつかまずに与えるであろう贈与の本質に属する」。[12] そしてカヴェルが気づかせてくれるように、「思考（think）という語は感謝（thank）の語根から派生した」とのハイデガーの執着はまるで「思考という贈り物に感謝を捧げる」かのようである。[13]

したがって、もはや哲学を、制御として、分析的な範疇や概念によってつかみ把握するような種類のこととして見ることはできない。それはハイデガーにとって「一種の昇華された暴力（sublimized violence）」[14] のように思われる。むしろ、思考の責務は「逸れる」ことではなく、カヴェルのいう世界へ「曝される」のを受容することであり受苦することですらある（コステロの負った傷を想起してほしい）。ダイアモンドがこの語に強く引かれているのは、次のような点から明らかである。すなわち、彼女が自分の論文を写真についての詩の読解から始めているというだけでなく、私たちの概念が懐疑論との対決に曝されていることと、私たちが動物と同じように有体的な存在であるがゆえに引き受けねばならない傷つきやすさと死すべき運命とにフィジカルに曝されていることとのあいだの重要な連関を強調しているという点から。コステロの「私には死体になるというのがどういうことか分かります」という驚くべき主張に解釈をくわえながら、ダイアモンドは論文のかなめのところでこう述べる。

私たちめいめいがひとつの生ける肉体である、つまり「世界に向きあいつつ生きている」という自覚をもつならば、そこには、死に対して無防備である、単なる動物であるがゆえに脆く傷つきやすいという身体感覚の露わさが伴う。私たちが動物と分かちあうのは、この傷つきやすさなのである。この傷つきやすさには私たちをしどろもどろにする潜在的な力がある。私たちの傷つきやすさ――この傷つきやすさを動物と共有しているのを認めるならばなおのこと――、とにかくこの傷つきやすさを認めることができるということが私たちを傷つける。しかしそれを他の動物と共有しているのを認めることは、私たちが動物に対して行なっていることを前にするとき、人をしどろもどろにするだけでなく、人を孤立させもするような潜在的可能性をもつ。エリザベス・コステロが孤立させられたように。動物のいのちと死とが私たちから理性を奪いかねない存在としてだけでなく、あれやこれやの点では適切であるとかないとか論じるための事実として扱われるような道徳的討論になぜ立ちもどるべきでないかを理解することに、何かむずかしさがあるだろうか[15]。

しかし、第三のタイプの露わさあるいは有限性がある。これも決定的である。もっともこの点は、ハイデガーの熟練した読者（さらにいえば、カヴェルやデリダの読者）ならばすでに推察しているだろうが。私たちは、哲学をするとは何を意味するか、こうした実存論的・倫理的な課題に直面して哲学が何をなしうるかに直接かかわる仕方で、言語と書字へ曝されている——根本的な意味では、言語へ従属している——。というのも、私がこれまで述べてきたすべてから帰結するのは、哲学的思考（「概念」）と書く実践としての哲学との関係が、いまや空前の重要性をもつということだからである（だからハイデガーやデリダやカヴェルはそれぞれ独特の仕方——「哲学らしからぬ仕方」——で書く）。二十世紀の哲学における「言語的転回」としてしばしば言及されるものを背景におくと、哲学的懐疑論の問題と、言語にかんするウィトゲンシュタインの仕事とを直接結びつける線が見えてくる。本書に集結した三人の哲学者〔カヴェル、ダイアモンド、マクダウェル〕にとって、この線はとても重要だということが分かるだろう。しかし私があとで明らかにしようと思うが、まさにこの点はまた分岐点でもある。すなわち、分析哲学の伝統にあってとくに冒険を好む流派から出てきたこのような種類の仕事と、ポスト構造主義の哲学とりわけジャック・デリダの仕事とを決定的に分かつ分岐点でもあるのだ。デリダは、哲学－言語の関係から導かれる諸帰結、その関係から導かれる私たちの有限性の諸帰結を、私たちが私たち自身ともつ関係やヒト以外の動物ともつ関係をどう考えるかあるいは考えないかに直接かかわる観点から解釈する。

ダイアモンドが以前に発表した論文は、ここで少し詳しく見ておく価値がある。なぜなら、それは、本書の核心をなすヒト以外の動物に対する私たちの倫理的義務と思考と言語とのあいだの関係をはるかに系統的に論じているからである。二〇〇一年の論文「不正と動物」で彼女が主張しているように、哲学的問題の「文法的な再記述」はとても重要であり、ある意味で、それに伴う倫理的課題を正当に扱うわたしたちの能力を決定づけるものである。[16] この観点から見るならば、正義という根本問題は、彼女にとって、「権利」の問題とは本質的に異なる概念領域に由来するものだ。彼女によれば「正義と不正という真の問題が権利の観点から扱われるとき、そうした問題は歪められ矮小化される」。なぜなら「個人になされた悪にではなく、個人が他の個人と比べてどれだけ多くを獲得するかに関心が集中するような資格の制度と権利とには根本的な結びつき[17]があるからだ。正義の問題のできの悪い(poor)文法的記述――ウィトゲンシュタインならばこう呼ぶだろう――によって、権利の言説においては「紛争の性格があいまいになる」と彼女は論じる。[18]

ダイアモンドにいわせるならば、動物や動物の扱いに対する私たちの道徳的応答は、私たちが死ぬ運命や傷つきやすさを動物と共有しているとの感覚から発現してくる。このことは、身体が残酷非情な仕方で扱われるとき――たとえば、単なる研究の道具として動物を扱うような場合――、たぶんもっとも痛切な仕方で証明されるだろう。ダイアモンドにとって「単なる物として使われることに何の抵抗もしないものとして動物を概念化することへのおぞましさ(horror)」は、他の人間へ

「権力を行使することがもつ人間の無慈悲と冷酷さに対する同種のおぞましさ」にもとづく。[19]彼女の考えでは、権利の伝統が捉えそこねてきたのは次の点である。「不正としての不正に応答する能力」がもとづくのは、あれやこれやの抽象的な「利益（interest）」あるいはその種の属性を根拠にしたあれやこれやの抽象的な「善（good）」の正当な取り分を得るのはだれであるべきかを（いわば存在論的に安全な距離をとって）理解することにではなく、むしろ、「私たち自身の傷つきやすさを認識すること」[20]――これは、権利に重点をおく考え方にとっては不必要な認識であり、ある意味では積極的に忌避されている認識である――にある。（もちろんここで、クッツェーの「傷ついた」登場人物エリザベス・コステロを思い起こすべきであろう。彼女の剥き出しの神経が、動物の扱いに対する彼女の道徳的応答を命題論理的な議論のかなた――また、ときには上流社会のお上品な礼節のかなた――に押しやる。）

そうした〔ヴェーユの〕洞察が指し示しているのは次のような事実だとダイアモンドは強く主張する。「権利を要求することと優しさを請うこと（単なる親切な行ないを請うこと）との対比には、よく考えてみると、どこか間違った点がある。この二つだけが唯一の可能性であるという観念は、不正を為すことがとりもなおさず権利の尊重を怠ることであるという観念を支えるおもな支柱のひとつである」[21]。こうして現代の道徳理論は「正義から愛や憐れみや思いやりを切り離す」[22]。しかしダイアモンド〔ヴェーユ〕の正義に対する考え方の「根幹には次のような観念がある。すなわち不正という悪を理解するためには、いわば他の存在――不正の犠牲者になりうるもの――への愛に満ちた注意（attention）が不可欠であるとの観念である」[23]。じっさい彼女は「権利が正義にも不正にも味方しうる」というシモーヌ・ヴェーユの示唆に同意している。権利の概念には「善に対して曖昧な立場をとるような一種の道徳的中立性」がふくまれる[24]。とすれば、ある重要な意味で「権利」はもとより正義とは別個のものであり、だから「権利という言葉が有効なのは、犠牲者への愛に満ちた注意にもとづいて獲得されるような悪の理解が望めない文脈においてである、と言えるかもしれない」[25]。

いいかえれば、ここには、種類の異なる二つの（実のところ共約不可能な）価値がある[26]。この点を捉えそこなっているのは、ダイアモンドが「動物の権利にかんする現代の論争、つまり分裂した思想が対峙するあの大闘技場（アリーナ）」と呼ぶものに身を投じている二つの「立場（サイド）」なのである[27]。この論争における両方の立場――たとえばピーター・シンガーの側の立場と、哲学者マイケル・リーヒーや彼の化身トマス・オハーン（『動物のいのち』の登場人物）の側の立場――がもつ難点は、ある不正の範型のなかに閉じこもっているという点にある。つまり、ある存在者が権利をもつかいなかは、経験的な仕方で導出しうるような、道徳的に有意義な特徴を有しているか（あるいは欠落しているか）にもとづくという範型である。両方の立場が異口同音に「道徳的思考のなかにふくまれているのは、経験的な類似点と相違点の知識であり、評価の一般原則の試験と適用である」と主張する。[28]だからダイアモンドは本書でこう述べるのだ。「どちらの場合も、討論で対立する当事者たちは自分たちが気づいている以上に多くの共通点をもっているかもしれない。片方にシンガーのような人々の声、もう片方にリーヒーや虚構上のオハーンのような人々の声がある。動物の権利にかんする討論において聞こえてくるそうした声に共通するのは、『……なのだから』への願望である。動物とはこうした存在なのだから、あるいは、ああした存在なのだから、私たちの道徳的思考に対して動物がもつ地位はこうなのだ、ああなのだ[29]」。しかしダイアモンドが両方の声のなかに聞きとるものは、道徳の複雑さの闘技場へ「曝されていること（exposure）」からの逃避である。その闘技場において（カヴェルの言葉を借りれば）「他者は、私が自分の態度を決める根拠となるようなしるしや特徴を何ひとつ私に見せることができない[30]」。

この理由のひとつは、もちろん、こうした態度〔シンガー／リーヒー〕が、ある種の哲学がそうみなすのに反して、中身のない「PならばQである」式の抽象的な態度ではけっしてないということである。そうした態度は精神的な憤りに満ち、矛盾した衝動や愛着に満ちている。だからダイアモンドは、そうした倫理像が単なる権利という「凡庸な」レベルにあるものと正義の問題とを混同している点だけでなく、[31]そうした倫理像が彼女の示唆する道徳的な生活の姿と何も類似したところがないという点をも示そうとするのだ。彼女にとって、分析哲学の伝統において動物の権利を擁護する人々は、人間と動物の区別が倫理的な意味で根本的なものではないと主張するとき間違っている。しかしながら、それと同時に、同じ分析的伝統の内部にあって動物の権利に反対する人々は、人間と動物の違いがどのような妥当性をもつかについて間違っている。「倫理的思考においては『人間』という観念がこのうえなく重要な意義をもつ[32]」と彼女は主張する。だがその観念が「生物学的観念」であるからではない。むしろまず「人間」という概念が道徳的感受性の源泉にあって、それから、私たちはその感受性をヒト以外の動物に拡張していくことができるのかもしれない。「私たちは動物を殺すということを、少なくともある種の状況では、殺人と類似したものと考えるようになりうる。しかしそう考えることの意義は、人を殺すことがどういうことであるかの観念を私たちがすでに有しているという事実によって決まる。そして（抽象的な〈道徳的行為者〉と対立するものとしての）私たちにとって、人を殺すとはどんなことであるかの観念は、人間のいのちが特別なものである、地球上の他の生き物に何が起ころうとそれとは切り離された何ものかであるという感覚によって決まる[33]」。

だとすればダイアモンドにとって重要なのは「人間と動物の違いを人間がこれまでどう考えてきたか」を考慮に入れることである[34]。彼女はほかのところでこう述べている。

> 私たちは動物を苦しませないでほしいと訴える、そしてその訴えにおいて、人間と動物の区別を抹消して、「動物の様々な種」について考え論じようとするならば、私たちがなすべきこと

を命じるための基盤は失われる（……中略……）他の人間に道徳的なものを期待するとき、自分自身は動物とは何か別のものになる必要がある。私たちは想像力を働かせて動物のなかにその種の期待に近いようなものを読みとるからこそ、私たちは菜食主義によって牛と目を合わせることができるようになると考える。そこには何も間違いはない。間違いは、何か、そういう態度を保ちながらその基盤を破壊しようとする点にある。[35]

だからダイアモンドにいわせれば、私たちがヒト以外の動物について「利益」を享受するものとか「権利の保持者」とか考えるのではなく、むしろ、それよりはるかに力強く「同じ仲間の生き物(fellow creature)」と考えるようになりうるのは、「人間」という特別な地位を否定することによってではなく、いわば、この地位を強化することによってである。「同じ仲間の生き物」という言葉は「生物学的な意味での動物、生物学的な生命をもつものを意味しない」。むしろそれは「この地上でいのちを享受し死すべき運命を共にする仲間としての動物に対する」私たちの「応答」なのである。[36] そしてそれゆえ、人間とヒト以外の動物との違いは「たしかに生物学的な違いとして出発するのかもしれないが、それが人間の思考にとって何か意義をもつようになるのは、何世代もの人間が、慣習や芸術や文学や宗教のなかで、その違いを引き受け様々に解決してきた累積があってのことである[37]」。この慣習のおかげで私たちは、いわば人間のなかに「動物以外の」ものを創出する可能性を「想像的に動物のなかに読みとる」ことができるのである。

ここで、ダイアモンドの仕事はジャック・デリダの最近の研究、すなわち彼が「動物の問い」と呼ぶものの研究と比較する価値があると私は思う。一見してデリダの仕事とダイアモンドのそれとは注目すべき類似点をもつ。まず三つのおもな特徴をあげてみよう。第一にデリダはダイアモンドと同じように、私たちがヒト以外の動物に対してもつ根本的な倫理の絆を強調する。動物もまた、私たちと有限性を共有し、「同じ仲間の生き物」(デリダもまた議論がもっとも重要な瞬間になるときにこの言葉を使う)として死すべき運命や傷つきやすさを私たちと共有するというのだ。第二に、倫理の本性をどう理解するかについて、デリダはダイアモンドとある種の考えを共有する。つまり両者にとって問題なのは、包括的な仕方であらゆる事例に適用されるような一連の行為の規則を命題的に導出することではなく、むしろ、「どうしても私たちの態度に決着をつけられない」(カヴェルの言葉を借りれば)ような恒常的な条件(condition)に対する私たちの「露わさ」を直視することである。そして第三に、ダイアモンドが先行する論文で書いているように、デリダにとっても、上記の二点にとって決定的に重要なのは「言語に対する哲学的誤認と、私たちの概念的生活の本性に対する盲目とには、どのような関係があるかを示す」ことなのである。[38]

第一の点にかんしてデリダはのちの仕事において、不思議にも、ピーター・シンガーの仕事の中核をなす哲学者である公利(功利)主義者ジェレミー・ベンサムに言及する。しかし、動物にかんする根本的な倫理的問いは「話すことができるか」や「理性を働かせることができるか」ではなく、「苦しむことができるか」であるというベンサムの名高い主張からデリダが引きだすのは、シンガーが導出するような動物の根本的な「利益」とは大きくかけ離れた（結局のところ反対の）事柄である。デリダにとって、くだんの言い回しは「事情を一変させる」。なぜならアリストテレスからレヴィナスまで哲学は動物の問いを能力（典型的には、理性を働かせ言語を用いる能力）の観点から提起してきたからである。こうした問いの立て方が「今度は能力［pouvoirs］や属性［avoirs］にかかわる他の多くの事柄（つまり与えること、死ぬこと、死者を葬ること、装うこと、働くこと、技術を発明すること――そうしたことのできる、あるいはその能力をもつということ）を規定している[39]」。ベンサムによる問題の見直しがデリダにとって強力なものである理由はこうである。いまや「その問い〔動物は苦しむことができるのか〕はある受動性によって攪乱される。その問いは証言する。それは問いとしてすでに、忍耐や受苦性や無‐能力（not-being-able）を証言するような応答を顕在化する」。「この無能さ（inability）に起因する傷つきやすさはどうなるのか」。デリダはさらに問う。「能力の中心にあるこの無‐能力は何か。（……中略……）それにはいったいいかなる権利が与えられるというのか。それはどの程度私たちにかかわるのか」。もちろん、それは私たちにきわめて直接的なかかわりをもつ。その理由はこうである。「死すべき運命はそこに居場所をもつ。私たちが動物と共有する有限性を思考するためのもっとも根本的な手段として。死すべき運命はまさにいのちの有限性に属し、憐憫の経験に属し（……中略……）この傷つきやすさの苦悶に属している[40]」。

こうしてダイアモンドにおいてそうであるようにデリダにおいても、倫理の問い――「単なる」優しさにとどまらぬ正義の問い――の中核にあるのは、私たちがヒト以外の動物と分かちあう傷つきやすさと有限性であり、そしてこうした共通性のおかげで可能となる憐憫の情である。デリダがいうように「いまもって動物の権利などという問題含みの仕方で提示されているもの」は、通常それに伴う哲学的枠組みからまったく独立した――ダイアモンドによれば正反対の[41]――力をもつ。デリダにとっても、動物の権利を擁護する運動の要点は、それがどんなに欠点に満ちたものであっても、「生き物全般に対する責任と義務とを私たちのなかに呼び起こす」点にあり、「そしてまさに、それをまじめに受け止めるならば、動物にかかわる哲学的問題圏の基盤そのものをすら変えねばならなくなるようなこの根本的な憐憫の情を私たちのなかに呼び覚ます」点にある[42]。そしてダイアモンドは、クッツェーが文学と「哲学」との違いを抜け目なく利用しながら、まさにこの哲学的問題圏の言葉遣いの転換を演出していると見るのである。彼女の考えでは、『動物のいのち』に添えられた哲学的な論評はこの点を捉えそこなっている。

今度はこの点が、ダイアモンドの仕事とデリダのそれとの第二の重要な接点に導く。両者にとって動物の問いは、たとえばシンガーの仕事におのずと現れているような正義と権利にかんする分析哲学の自由主義的な伝統に対して、別の倫理概念を要求する。すでに見たように、シンガーにとって倫理は、デリダがよそで「計算可能な過程」と特徴づけたものの適用を意味する。[43] シンガーの場合、問題となる特定の生き物がある一定の状況においてもつ「利益」を集計し、そして、最大多数の最大幸福を実現するのはどの行為かを計算することによって正しい行為とみなされるものを決定するのは、文字どおり公利（功利）的な計算である。しかし、そうしながらシンガーは倫理を縮減して、ダイアモンドやデリダのいう倫理とはまったく正反対のものにしている。なぜなら彼はデリダのいう「決定不可能なものの試練」を跳び越えるであろうから。「その名に値する決定はすべてこの決定不可能なものの試練を経ねばならない」[44]。デリダにとって「決定不可能なものの試練を経なかった決定は自由な決定ではないであろう。それは計算可能な過程をプログラム化して適用したものあるいは展開したものにすぎないであろう。それは法律にかなうものであるかもしれないが、正義にかなうものではないであろう」[45]。じっさい私たちがここで必要とするのはこの「試練」という言葉である。というのもダイアモンドが一度ならず私たちの注意をエリザベス・コステロにくぎづけにする理由のひとつがこの言葉であるからだ。私たちの注意はエリザベス・コステロが神経を「剥き出し」にするさまや、ある責任を受苦する姿にくぎづけになる。その和らげられることのない苦しみは否定すべくもなくそこにある。しかし倫理を権利の観点から見る見方が私たちに提示するのは、この十分に倫理的な試練からの「逸れ」である。ダイアモンドによれば、その逸れにおいて「動物を含む道徳的共同体（あるいは、かくかくしかじかの道徳的共同体）の有無が私たちの所与となるであろう」[46]。

そうした「計算」は、ダイアモンドのいうそしてデリダのいう倫理的なものの正反対であるというだけではない。それはまた、人間とヒト以外の動物とが共有する「利益」――ダイアモンドが私たちの「特性」とか「しるしや特徴」と呼ぶもの[47]――を経験的に導出するとき、ダイアモンドが「生物学的概念」と呼ぶものと倫理的思考にふさわしい概念とを混同している。デリダはこうした混同を念頭に入れて、人間の生の形式と人間以外の生の形式のあいだの「深淵をなす深い断絶」を等閑に付する「生物学的連続説」――「私たちはその不吉な暗示をよく知っている」――を批判する[48]。彼はこう書いている。「だから私は、みずからを人間と呼ぶものと、彼（*he*）が動物と呼ぶものとのあいだに何らかの同質的な連続性があると思ったことはけっしてない[49]」。

しかしながら、この接合点において――それはまさに「みずからを人間と呼ぶものと彼が動物と呼ぶもの」というデリダの強調がしるしを付ける接合点なのだが――、デリダとダイアモンドの根本的な違いのいくつかが視野に入りはじめる。とりわけ「人間」と呼ばれるこの特異なモノをどう言い表すかという点において。この違いを理解するために、ダイアモンドとデリダの両方にとって決定的な意味をもつ、傷つきやすさや受動性や死すべき運命が果たす役割に立ちもどろう。ダイアモンドの主張はこうだった。「私たちは、少なくともある種の状況において、動物を殺すことが殺人行為と類似しているとみなすようになるが、それは、人を殺すことがいかなることかの観念を私たちがもつかどうかによる」[50]。しかし、そういう観念は、私たち自身の死すべき運命との関係に依存する。デリダはこの関係を斥ける。ダイアモンドとは反対に、デリダにとって、私たちにとって、死とは何であるかの観念を私たちがもつことはけっしてない。じっさい、死とはまさに、私たちにとってはけっして存在しえないものなのだ。また私たちがその関係をもつとしたら、他者に対する倫理的な関係はただちに失効するであろう。

　このことがこのうえなく明らかになるのは、たぶん、デリダがハイデガーを読み、その「死へとかかわる存在」という概念を解釈するときである。この概念は、倫理的なものが住まう受動性や有限性を正当に扱うように見える――ただそう見えるだけであるが――概念である。リチャード・ビアズワースがデリダ的な観点から特徴づけているように、ハイデガーは死という限界を「時間の他者へ返すというよりはむしろ」、それを固有化する（*appropriate*）。ビアズワースによれば「『死へとかかわる存在』はしたがって実存論的にはひとつの『できる（pouvoir-etre）』であって、あらゆる能力の不可能性ではない」。この「死へとかかわる存在」の根本的な受動性と傷つきやすさが倫理的な関係のなかで自己と他者とを結びつける。ビアズワースの説明によれば、デリダにとって、私（エゴ）にとっての死の「不可能性」は、有限性の経験が根本的な受動性の経験であるとの事実を確証する。「私」が自分「自身の」死を経験できないとの事実は、第一に、死が地平なき内在であるということを意味し、第二に、時間が私の死を超えるものであるということ、すなわち時間が私に先行しそして後発する生成であることを意味する。（……中略……）死とは、私が「そこ」を引き受けるため認‐知することのできるような限界でも地平でもない［ハイデガーの「死へとかかわる存在」とは違い］。死とは、私の時間のなかにはけっして生じない何かであり、私に対する時間の優先性を確証し、したがって私に対する他者の先行性を刻印するような「まだ‐ない」である。[51]

とすればデリダにとって「死へのいかなる関係もそのものとしては現れることができない」。また「死にはいかなる『として』もないとすれば」「死への関係はつねにある他者によって媒介されている。死の『として』は、つねに他者の死をとおして、他者の代わりに、現れる」[52]。デリダの言い方では「こうして他者の死が『第一番目に』なる、つねに第一番目なのだ」[53]。だからビアズワースはこう主張する。「死の限界の認知はつねに別のそれの認知をとおしてなされる、それゆえ、この認知は同時に他者の認知でもある」[54]。そして自分自身の死とかかわる他者についても同じことが言える以上、これが意味するのは「死は存在が不可能となる」ということである。しかも、私にとっても他者にとっても「死は存在が不可能となる」。死は私にとって存在しえないように、他者に

「とって」も存在しえないのだから。[55] しかし逆説的にも正義の可能性が住まうのはまさにこの不可能性のなかなのだ。他者が（いわば）恒常的に呼び声を発しているのに、主体が他者の面前に到着するのはつねに「遅すぎる」。あるいは、いくらか言い方を変えてこうも言えよう。すなわち「私は死体になるというのがどんなことか分かります」というコステロの主張を支持するダイアモンドに対し、デリダなら「いや、そうではない。それが分かるのは他者だけである。だからこそ人は軽減されることのない他者への倫理的負債のなかに（レヴィナスの言葉を使えば）人質となっているのだ」と返答するだろうと。ちなみにここから、死の「贈与」という別の意味で奇妙な考えが出てくるのだ（その書名をもつデリダの本から語を借用すれば）。いいかえれば想像力に富んだ文学的な投影は、なんらかの仕方で、三段論法的な命題を駆使する哲学が達成しえないもの（「私は死体になるというのがどんなことか分かります」のもつ非概念的で非論理的な力）を達成しうるとダイアモンドは示唆しているのだと私は思う。しかしデリダならこのことをも「露わさ」からの「逸れ」とみなすであろう。これは、死すべき運命に曝されているだけでなく、言語の疎隔的な操作、いいかえれば第二の種類の有限性――これが含意することは巨大である（この論点にはすぐ後で立ちもどる）――へ曝されているということでもある。

デリダは次のように主張するときベンサムにかんして完全に共鳴しているのだと私には思われる。「いったん『動物は苦しむことができるのか』と問うたなら、できる（*pouvoir*）という語が意味や記号を一変させる。これからのちこの語は揺れ動く。その問いが投ぜられるやいなや、重要になるのは単に推移性や活動性（推論することや話すことなどができる）という観念だけではない。重要なのはむしろ、その問いを自己‐矛盾のほうへと駆り立てるものである。私たちはあとでそれを自‐伝に結びつける」。[56] デリダが「自伝」を「自‐伝（auto-biography）」と表記するときに念頭にあったものは、私の考えでは、倫理とかかわる人間についてのダイアモンドの描像のなかで例証されている。この描像においては、ハイデガーの場合がそうであるように、傷つきやすさや受動性や有限性が「できる」や「推移性」――これらはその意に反して人間と動物のあいだの溝を存在論的に再記述する論拠でもある――として取り返されているように見える。人間はいわば善き行ないのなかでこの溝を超えて、倫理的な扱いをするに足るほど私たちに似ている（と私たちが「想像する」）ような他者に手を差し延べる。この点は、たとえばさきに引いたダイアモンドの主張においても明らかなように思われる。「他の人間に道徳的なものを期待するとき、自分自身は動物とは何か別のものになる必要がある。私たちは想像力を働かせて動物のなかにその種の期待に近いようなものを読みとるからこそ、私たちは菜食主義によって牛と目を合わせることができるようになると考える」[57]。またこれは同じ論文のなかでこう強調されてもいる。「動物からの道徳的な訴えを聞くということは、つまり動物が――いわば――私たち人間どうしの言葉を話すのを聞くということなのだ」[58]。

倫理と言語と種差とのあいだの関係についての上記の定式的表現をある意味で超えていく――あるいはたぶんこう言うべきだろうが、そうした記述抜きでやっていく――のが、ダイアモンドの注目すべき論文「現実のむずかしさと哲学のむずかしさ」の強さと魅力の一部となっている。この意味で、この論文の強さはまさに弱みでもある。先行する論文においては、一見安定した意味をもつ「人間」を想像的な仕方で動物へと拡張する私たちの能力（デリダの「できる」に相当）が強調されていたのだが（動物が「私たちの言葉を話す」のを聞き、動物のなかに「動物とは何か別のもの」を期待することによって）、いまここで問われている論文の場合では、テッド・ヒューズの「六人の若者」やクッツェーの『動物のいのち』が体現するような「現実のむずかしさ」の経験を言葉に表そうするとき「私たちにはそのための言葉がない、言葉は私たちが言葉にさせようと試みることをしない。言葉がないという事態は、たまたま私と私が見たいものとを隔てている壁の向こうを見ることが単にできないだけであるという事態と同じであるかのように見える。しかし私たちが言葉に要求することを言葉がするには一見あまりに弱すぎるように見えるからといって、この非力さの経験には一種の文法的な誤りが内包されていることが示されたということにはならない[59]」。

ダイアモンドの思想がもつこの転回力と、それが与える倫理への影響力とは、デリダの仕事によって拡張され、練り上げられうると私は思う。それによって、次のような事実のもつ含意がよりいっそう完全に表現されるだろう。それは、ここに二種類の有限性があり、二種類の受動性と傷つきやすさがあるという事実、そして第一の種類のものは（身体的な傷つきやすさ、有体性、つまるところ死すべき運命）は逆説的にも、それを接近可能にしているものそれ自体によって、私たちには接近不可能なもの私有不可能なもの——つまり第二の種類の「受動性」や「無-能力」——と化すのである。これは、言語の根本的に脱人間的（ahuman）な技術性や機械性へ従属するなかで私たちが経験するような有限性である。ここでいう技術性は、私たちがあまりにも急いで「私たちの」概念とみなしてしまうものに対して、もちろん重要な帰結をもつ。だからこの概念はある重要な意味で「私たちのもの」ではまったくない。

　こうしてダイアモンドとデリダとの第三の接点（だが最後の相違点でもある）に到達する。ダイアモンドの言い回しを借りれば「言語に対する哲学的誤認と、私たちの概念的生活の本性に対する盲目とには、どのような関係があるかを示す」ような接点である。デリダの論点は、「私たち」が「人間」の概念をもたないという点にあるだけでなく、それはまたよいことでもあるという点にある。なぜなら、こういってよければ、あの弱さの強みによってのみ私たちはダイアモンドの仕事のなかで光を投じられたジレンマの二つの角（つの）をともに避けることができるからだ。一方には、ある種のウィトゲンシュタイン解釈がもてあそぶ自民族中心主義の恒常的脅威がある（「人間と動物の違いを私たち人間がこれまでどう考えてきたか」を考慮に入れながら、私たちは私たちがすることをする——こうして私たちは「生物学的連続説」に陥るのを避けることができる）。また一方には、倫理的な「普遍的特性」の発掘がある。シンガーやリーガンのような哲学者にとって、これはまさにくだんの脅威に——「理性」の反‐自民族中心主義的な自律性を媒介に、倫理の第一原則を発見することにより——対抗する試みであるだろう。デリダが「第三の道」を切り開くと私は言いたい。デリダならこう応答するであろう。なるほど、人格とか道徳とかの「原則」として私たちが考えるものは、「私たち」とはだれであるのかから、「生活の様式」（ウィトゲンシュタイン流にいえば）としての私たちの言説から切り離すことができない。しかしそれと同時に、「私たち」は「私たち」ではない。私たちとは、人間主義が「自己に与える」あの「自伝」の「自（auto-）」ではない（デリダの「自伝的な動物」におけるように）。むしろ「私たち」はつねに根本的に他なるものであり、私たちの存在そのものがすでに非（あるいは脱）人間的である——私たちは傷つきやすい身体をもち、死すべき運命をもち、もちろん哺乳類として生活するといった進化論的、生物学的、動物学的な事実からしてすでに非（あるいは脱）人間的であり、そしてまた、私たちが主観性をもつための前提条件として、言語は私たちが存在するよりまえにつねにそこにあったのだが、私たちはその言語の物質性や技術性に依存し従属しているという事実からして非（あるいは脱）人間的である——。そしてそれは以下のことを意味する。「彼が『人間』と呼ぶもの」、「私たち」が「私たち」と呼ぶものは、私たちのきわめて概念的な生活を可能にするような、いっそう根本的な「できない（無能力）」をつねに覆い隠している。人間と人間以外の生き物は、何かの記号系によって情報を交換し意志を伝達しはじめるやいなや、受動性や従属性を分かちあうという事実のほうがたぶん――少なくともここでの話題にとって――はるかに重要であろう。デリダは「『正しく食べなくてはならない』あるいは主体の計算」という対話のなかのよく知られた一節でこう述べている。

> しかし言語活動を、単にその周囲を取り巻くばかりでなく、それに内側から刻印を記すような可能性のうちに書きこみ直すのであれば、話はまったく変わる。私の念頭にあるのはとりわけ、刻印一般、痕跡、反復可能性、差延などである。これらの可能性もしくは必然性――それを抜きにしてはいかなる言語活動も存在しないであろう――それ自体は単に人間的であるわけではない。（……中略……）ここで私が提唱していることは、さらに、「動物的言語活動」の複雑さにかんする、遺伝的コードにかんする、刻印のあらゆる形式にかんする科学的知識を考慮に入れることを可能にするだろう。この刻印の形式に属するいわゆる人間的言語活動は、それがいかに独自なものであれ、私たちが一般的に切断したいと望むような地点で「切断する」ことを可能にするわけではない。[60]

ここで、デリダによる反復可能性や差延や痕跡などの理論化を繰り返すにはおよばない。むしろ私は端的にこう指摘しておきたい。この第二の種類の「できない（無能力）」が、人間と動物の境界だけでなく有機的なものと機械的ないし技術的なものとの境界をも不安定にするのだから、人間とそれ自身との関係を不確かなもの不安定なもの――カヴェルの言葉では「決着のつかない」ものにするのはいかにしてかと。またまさにこの理由で――「私たち」が私たち自身に与える「自(auto-)」からの「人間」の疎隔のために――、人間とヒト以外の動物とのあいだの関係はたえず新たに開始される、しかも、いわば永遠に。こういってよければ、それはけっして癒されることのない「傷」なのだ。二〇〇四年の対話のなかでデリダはこう述べている。

『グラマトロジーについて』を手始めにして、新しい痕跡概念の練り上げは、「話される」言語という人間学的な限界を超えて、生けるものの領域全体に、あるいはむしろ生／死の関係に拡張されねばならなかった（……中略……）。そのころ私は「書字や痕跡やグラマあるいはグラフエームといった概念」が「人間／非人間」の対立を超過すると強く主張していた。哲学的テクストに対して私が実行しようと試みていた脱構築的所作のすべては（……中略……）いわゆる動物一般への欲得づくの無理解や、人間なるものと動物なるものとの境界の解釈の仕方を問題の俎上に載せることにある。[61]

私は、人間より下位のものと人間を超えるものとの観点から、「生物学的／有機的なもの」と

「機械的／技術的なもの」とがこのように相互に介入する点を強調したい。おそらくダイアモンド自身がこの点に深い関心をもつと思うからである――それがもっとも際立つのはもちろん彼女がテッド・ヒューズの詩「六人の若者」のなかの写真にかかわる「露光（exposure）」を解釈するときである――。技術的な人工遺物が私たちを「死と生とがひとつであるというぞっとするような認識[62]」に直面させる。しかしここからダイアモンドとデリダは違う方向に進んでいく。それはたぶん反対の方向ですらあるかもしれない。ダイアモンドはエリザベス・コステロが主張する立場（「私は死体になるというのがどんなことか分かります」）から「露わさ」を解釈する。彼女の論文の最終パラグラフはコステロの主張の意義をプラグマティズムへの抗議の一種として読み解く。「言語つまり思考の形式はものごとを正しく捉えたり間違って捉えたりすることができない。現実に合致したり合致しそこなったりすることができない（と言われている）。言語はただ多かれ少なかれ便利なだけであろう。本論のむすびとしたいのは、かならずしもそうした事柄への応答ではなく、思考と現実とがばらばらであるという事実はどの程度生身の人間に属することなのかという点に注意を促すことである[63]」。しかしデリダの論点は、この「ばらばらである」が単に生身の人間に属するのではなく、次のような事実から生じてもいるという点にある。すなわち、私たちが生身の人間ともつ関係は、宿命的に、技術的なものや機械的なものによって構成されているという事実である――この関係はまるで人工補綴器具によってそうされるかのように技術的なものに絡みつかれ、言語とい

う弁別的な記号機械は、もっとも広い意味において、私たちのそれをもふくめ、ありとあらゆる現前性を超過する。(64)

それが「もっと広い意味において」であることは、ダイアモンドが関心をもつような種類の「露わさ」（この場合ではフィルムの露光）に対してデリダ自身がどう対決するかを手短に見ることで明らかにしうるだろうと思う。英語で発表されたベルナール・スティグレールとの一連の対話『テレビのエコーグラフィー』において、デリダはロラン・バルトの提案との違いを際立たせようとつとめる。バルトは『明るい部屋』において「写真は指向対象の文字どおりの発散である。そこにあった実在の物体から輻射線が発出して、ここにいる私に触れにくる。（……中略……）一種の臍帯が写真に撮られた物体を私の視線に結び直すのだ(65)」。デリダはむしろ「写真の近代的可能性とは、同じひとつの系のなかに、死と指向対象とを接合すること(66)」と主張する。このかなり謎めいた言葉によってデリダが言いたいのは、映像のテクノロジーには、その根本的な反復可能性のせいで、一種の「幽霊的性格（spectrality）」がついてまわるという点である。

映像のテクノロジーがあるなら、ただちに、可視性が夜を連れてくる。（……中略……）私たちの映像が、いったん撮られてしまえば、捉えられてしまえば、私たちの不在のうちに複製されうることを私たちは知っているのだから、そして、私たちはこのことをすでに知っているのだ

> から、私たちはすでに、私たちの死を運んでくるこの未来に取り憑かれている。（……中略……）このことが私たちの経験をとても奇妙なものにする。私たちはあらかじめ、幽霊的性格によって捉えられ取り憑かれ所有された撮影（ショット）のせいで幽霊と化しているのだ。
>
> 　思いきっていえば、この幽霊の論理においてつねに私に取り憑いてきたのは、この論理が可視と不可視のあいだ、感覚可能と感覚不可能のあいだのあらゆる対立を規則的に超過するという点である。幽霊とは可視的であり不可視的である。現象的であり現象的ではない。あらかじめその不在によって現在を刻印する痕跡である。[67]

　このあとデリダはケン・マクマレンの映画『ゴーストダンス』に出演したときの話をする。その話はそれ自体が印象深く忘れがたい物語である。デリダはフランスの女優パスカル・オジエを相手に即興で演じた。そのシーンのなかでデリダは彼女に「では、あなたはどうなんです、あなたは亡霊を信じているのですか」と訊く。彼女は「ええ、いまはそうね、ええ」と答える。「しかしその後に私が経験したことを想像してほしい」とデリダは続ける。

> 　それから二、三年後、パスカル・オジエはすでに死去していたが、私は米国でこの映画をふたたび観ることになった。この映画について私と議論をしたいという学生の求めに応じたのだ。

私は突然パスカルの顔がスクリーンに浮かぶのを見た。私はそれが死んだ女性の顔であることを知っていた。彼女は「あなたは亡霊を信じているのですか」という私の問いに答えていた。大きなスクリーンに浮かんだ彼女が、私の目を見ながらとしか言いようのない仕方でこう答えた。「ええ、いまはそうね、ええ」。彼女のいう「いま」は、どんな「いま」なのだろうか。（……中略……）このとき私は彼女の幽霊が現れたというぞっとするような感覚をもった。彼女の幽霊の幽霊がもどってきて私に――ここにいる私に、いま――こう言うのだ。「いま（……中略……）いま（……中略……）いま、よその世界で、よその大陸で、この暗室で、ここで、いま、ええ、とにかく、私は亡霊を信じている」と。

しかし同時に、パスカルがはじめてそう言ったときすでに、彼女が私の研究室でそう繰り返したときすでに、この幽霊的性格が働いていたことを私は知っている。幽霊的なものがすでにそこにいて、彼女はすでにそう言い、そして彼女は、ちょうど私たちと同じように、たとえ彼女がその間に死んでいなくても、ある日「私は死んだ」とあるいは「私は死んだ、私のいる場所から、私は自分が何を話しているかを知っている、そして私はあなたを見つめている」と言うのが死んだ女性であろうということを知っていたのだ。そしてこの注視が非対称的でありつづけ、あらゆる可能な交換を超えたところで交換し（……中略……）無限の夜のなかで、他の注視に出会うということを。(68)

だからここに、ふたたびエリザベス・コステロが登場する。今度は違った光のもとで。「私に分かることは、死体には分かりえないことです。つまり死体は死んでいて、何も分からないし、もはや何か分かることもないということが私には分かるのですから。一瞬、知識全体が恐慌をきたして崩れ去るまえに、私はその矛盾のうちに生き、死んでいると同時に生きているのです」(ダイアモンドによって引用されている)[69]。そしてここにヒューズをおく。死の光、夜の光でもある陽の光のもとに。

いま目の前に立ち、握手をし、溌剌とふるまい、
大声でしゃべる男でさえ、セルロイド上のこの六つの笑顔の
どれほども生きてはいない。
有史以前の伝説の獣でさえ、彼らほど死んではいない。
いかなる想念も彼らの煙る血ほど鮮烈ではない。
この写真を見つめるとき狂気に誘われもしよう。
このような矛盾した永遠の恐怖がここで
一度の露光から、笑みを浮かべている、
そして人間の肉体をその刹那と熱から押しのける。

しかし生体と機械とを、生けるものと死せるものとを、「有史以前の獣」と人間のもつ「刹那と熱」とを、ともに破壊するこの「狂気に誘う」力から結局のところデリダが導出するのは――強調しておきたいが、この点はカヴェル／ダイアモンド路線とデリダ路線とを分かつ最後の違いである――、一種の法もしくは一般的経済である。これは彼の根本思想であり、はるか以前の初期の仕事にまで通底している。『テレビのエコーグラフィー』でデリダが述べているように（私はさきに、死を私有化する不可能性が他者に対する私の負債を構成していると論じたが、以下はここから直接導かれる論点である）、この関係は「遺産相続」や「法の系譜」を構成する。[70] 死者の幽霊の前に、「いかなる可能な対称性も、相互性もなしに、『法の前に』私たちは立っている。[71]

まったくの他者――死んだ人はまったくの他者である――が私を見つめ、私にかかわる、そして私にかかわり私を見つめながら、私に祈りや命令や無限の要求を差し向ける、だが私に向かって答えることはない。これが私にとって法となる。それが私にかかわり私を注視する。それは私を無限かつ普遍的に私を超過しながら、同時に私にだけ話しかける。だが私は彼または彼女〔法としての他者〕と視線を交わすことができない。[72]

デリダの論じる幽霊現象のとてもよく知られた例のなかでも――たとえばシェイクスピアの『ハム

レット』では遺産相続や法や責任や幽霊的性格のあいだの関係がことさらはっきりと（エディプス的な仕方でさえ）言明されているが――、上記はたぶんもっとも分かりやすい例であろう。しかし写真のなかの「六人の若者」（ヒューズ）もまた同じ事情にあるように思われる。生けるものとして私たちは、彼らに対し、答えようも返しようもない、それゆえいつまでも人を動揺させるような、いささか奇妙な種類の責任あるいは負債を感じる。これはダイアモンドの論文の始めのところで力強く切り開かれた論点である。デリダは「他者は私のまえに来る」と言っていた[73]。

　こうした幽霊的性格からデリダは一般的経済あるいは「他律」の「法」を導出する。ダイアモンドやカヴェルならばおそらく、デリダは彼特有の慰めを求めている、理性の威力による彼特有の「逸れ」に身をまかせている、とみなすであろう――この「逸れ」にひたすら抵抗すること、彼らはみずからの哲学をそうみなしている――。というのも彼らの見方によれば、ある種のそうした排除（foreclosure）において失われるのは、エリザベス・コステロのような人が体現する「剥き出しの神経」であり、その「剥き出しの神経」に注意を向けはするが、そのことを何かの一般原則の単なる別の例にしない（ダイアモンドならそう言うかもしれない）という倫理的賭け金である。J・L・オースティンの「音声中心主義」に対するデリダの批判についての議論のなかでカヴェルが述べているように、デリダの戦略がもつ難点は、反復可能性の一般的経済を強調することが、「〔言語を〕相続するという歴史的で個人的な過程に内属する行為もしくは出会いから、注意を逸らし、あまりにも急いで逃げ去る」ことである。[74] ここでいう行為や出会いは、カヴェルによれば、声の勝利ではなく声の専有あるいは「横領（arrogation）」をふくむ過程である。[75] カヴェルにとって、デリダの一般的経済のもつ難点――音声中心主義批判はその一例にすぎない――は、それが形而上学の終焉を告知しながら形而上学の企てを継続する点、しかも、そうしながら「日常的なもの」や「日々のもの」を、また、これがもつ「人間の肉体をその光と熱から押しのける」力を跳び越す点にある。「私たちひとりひとりの内なる形而上学者が」とカヴェルは書く。「日常的なものの道徳から、私たちの日常的な道徳的義務から逃げだすために、形而上学を利用するだろう[76]」。それは「自分の発した言葉に対して、担う――あるいは取る、あるいは見いだす、あるいは否認する――べき責任」から逃げだすためでもある。[77] なぜなら形而上学は「私たちが何かを言おうとするときに引き受ける責任から私たち自身を引き剝がしたいとの願望（そしてそういう願望の可能性）に名を与える」からである。「そうした路線は」とカヴェルは示唆する。「ゲームを放棄しているように見える。そうした路線は、自由を、つまり自分にとって有用である観念を達成しないで、高邁な哲学と同じくみずから課題を背負っている（self-imposed）ように見える――ハイデガーなら、だれのでもない課題を背負っている（unself-imposed）と言ったかもしれない[78]」。

カヴェルの見解は、その発表の年（一九八八年）からして、動物についてのデリダののちの仕事とりわけ「ゆえに私は動物（に従うもの）である」（二〇〇二年）を考慮に入れようがなかった。

この仕事は体系的な哲学をめざす徴候というよりはむしろ、私たちを深い意味で問いただし屈服させるようなある限界を提示する。デリダが（ある瞬間――それを評判が良い瞬間と見るか悪い瞬間と見るかは、各人の観点による）彼の飼い猫に見つめられたときのこととしてこう書いている。その瞬間、彼は文字どおり丸裸であった、ダイアモンドの言葉でいえば、露わであったと。

まさか、よしてくれ、猫が私を見る、私の寝室や浴室で、ここにいるこの猫は（……中略……）非常に大きな象徴的責任をもつ代議士や大使には見えない。（……中略……）裸の私を見ているのは「本物の猫である」と私が言うのは、その代替不可能な単独性を強調するためである（……中略……）。私はそれを、この交換不可能な生き物として見る。いつか、それは私の空間に入りこむ、私に出会うことができ、私を見ることができ、裸の私をも見ることができるようなこの場所に入りこむ。ここにいるこのものが概念化されるのを拒むような存在であるとの確信を私から奪い去ることは何ものにもできない。[79]

デリダはこう示唆する。だから「動物的と形容される凝視」――「動物的と形容される」ということの制限が重要なのだが――のおかげで、人間の深淵的（abyssal）な限界が立ち現れる。それは非人間的（inhuman）なもの、あるいは無人間的（ahuman）なものであり、人間の目的=終末である。すなわちそれは越境なのだが、そこから見えるものを男はあえて自分自身に告げる、その結果として、彼は自分自身に与えると信じる名で自分を呼ぶ。そして動物の凝視にさらされたこうした裸の瞬間において、私の身にあらゆることが起こりうる、私は黙示を待っている子供のようだ。**私は黙示そのもの**（**に従うもの**）**である**。黙示とは、すなわち終末という究極のそして最初の出来事であり除幕であり審判である。[80]

こうした事情であるならば、私たちはたぶん出発点に連れもどされる。あの苦悶と剥き出しの神経とに。デイヴィッド・ルーリーは道端に車を停めて、泣きながら、わが身に何が起こったのかと問う。エリザベス・コステロは彼女の息子に告白する。彼女は、私たちの仲間の生き物の幽霊に取り憑かれ、私たちがそうした生き物にくわえつづけている地獄のようなホロコーストに憑きまとわれながら、みずからにこう問いかける——本書はかならずしもその問いに答えてはいないが、その問いに対する一種の解釈を提示している。「もう自分がどこにいるか分からない。（……中略……）でも夢を見ているわけではない。私はあなたの目を覗きこむ（……中略……）するとそこには優しさ、人間の優しさしか見えない。私は自分に言う、落ち着きなさい、あなたは大げさに考えているのだと。これが人生というもの。ほかの人はみな折り合いをつけている。どうしてあなたにはできないの？　どうしてあなたにはできないの？[81]」

註

（1）J. M. Coetzee, *Disgrace* (New York: Penguin, 1999), p. 143.〔『恥辱』鴻巣友希子訳、ハヤカワ *epi* 文庫、二二一頁〕

（2）ibid., p. 143.〔同前〕

（3）J. M. Coetzee, *The Lives of Animals*, ed. and intro. Amy Gutmann (Princeton, N. J.: Princeton U. P., 1999), p. 43.〔『動物のいのち』七二頁〕

（4）本書八二頁。

（5）Stanley Cavell, *In Quest of the Ordinary: Lines of Skepticism and Romanticism* (Chicago: University of Chicago Press, 1988), p. 31.

（6）ibid., p. 30.

（7）Stanley Cavell, *This New Yet Unapproachable America* (Albuquerque, N. M.: Living Batch Press, 1989), p. 86.

（8）ibid., p. 86–87.

（9）Stanley Cavell, *Conditions handsome and Unhandsome: The Conditions of Emersonian Perfectionism* (Chicago: University of Chicago Press, 1990), p. 38–39.　ハイデガーにおける手の比喩をめぐる、カヴェルとデリダの

類似性――重要な違いでもある――については拙論参照。“In the Shadow of Wittgenstein’s Lion,” in *Zoontologies: The Question of the Animal*, ed. Cary Wolfe（Minneapolis: University of Minnesota Press, 2003), pp. 20–21.

（10）Jacques Derrida, “Geschlecht II: Heidegger’s Hand,” trans. John P. Leavey Jr., in *Deconstruction and Philosophy*, ed. John Sallis（Chicago: University of Chicago Press, 1986), p. 173.〔「ゲシュレヒトII」藤本一勇訳、『現代思想』一九九九年五月臨時増刊号一三七頁〕

（11）Cavell, *Conditions*, op. ct., p. 39.

（12）Derrida, “Geschlecht II,” op. ct., p. 173.

（13）Cavell, *Conditions*, op. ct., p.39.

（14）ibid.

（15）本書一一四～五頁。

（16）Cora Diamond, “Injustice and Animals,” in *Slow Cures and Bad Philosophers: Essays on Wittgenstein, Medicine, and Bioethics*, ed. Carl Elliot（Durham, N. C.: Duke U, P., 2001), p. 123.

（17）ibid., p. 121.〔このへんの引用は、ダイアモンドがヴェーユの主張をまとめている部分なので、ダイアモンドの言い分というよりはヴェーユのそれである〕

（18）ibid., p. 124.

（19）ibid., p. 136.

（20）ibid., p. 121.

（21）ibid., p. 129.

(22) ibid., p.131.
(23) ibid., pp. 131–32.
(24) ibid., p. 128.
(25) ibid., p. 139.
(26) ibid., p. 121.
(27) Cora Diamond, "Losing Your Concept," *Ethics* 98, no. 2 (January 1998): p. 276.
(28) Cora Diamond, "Experimenting on Animals: A Problem in Ethics," in *The Realistic Spirit: Wittgenstein, Philosophy, and the Mind* (Cambridge, Mass.: MIT Press, 1991), p. 350.
(29) 本書一一一頁。
(30) 本書一一一頁でダイヤモンドが引用している。
(31) Cora Diamond, "Injustice and Animals," op. ct., p. 121.
(32) Cora Diamond, "Losing Your Concept," op. ct., p. 264.
(33) Cora Diamond, "Experimenting on Animals," op, ct., p. 353.
(34) ibid., p. 351.
(35) Cora Diamond, "Eating Meat and Eating People," in *The Realistic Spirit*, op. ct., p. 333.
(36) ibid., p. 329.
(37) Cora Diamond, "Experimenting on Animals," op. ct., p. 351.
(38) Cora Diamond, "Losing Your Concept," op. ct., p. 263.
(39) Jacques Derrida, "The Animal That Therefore I Am (More to Follow)," trans. David Wills, *Critical Inquiry* 28

(Winter 2002) : pp. 386, 395.

(40) ibid., p. 396.

(41) 動物の権利にかんする明確な議論や、動物の権利と動物の福祉との違いについては、ダイアモンドの次の論文を参照。Cora Diamond, "Injustice and Animals," op. ct., pp. 141–42.

(42) Jacques Derrida, "The Animal," op. ct., p. 395.

(43) Jacques Derrida, "Force of Law: 'The Mystical Foundation of Authority,'" trans. Mary Quaintance, in *Deconstruction and the Possibility of Justice*, ed. Drucila Cornell, Michal Rosenfeld, and David Gray Carson (London: Routledge, 1992), p. 24.〔『法の力』堅田研一訳、五九頁〕

(44) ibid.

(45) ibid.

(46) 本書一一二頁。

(47) 同前。

(48) ハイデガーと動物にかんしては*Of Spirit: Heidegger and the Question*, trans. Geoffrey Bennington and Rachel Bowlby, Chicago U. P., 1989)〔『精神について――ハイデガーと問い』港道隆訳〕を参照。その著作のなかで示唆されているように、「連続説」――これに断固反対するのが、人間と動物を人間主義的に区別するハイデガーの行き方である――のもつ「不吉な暗示」には、自然主義を利用しての外国人嫌いの容認とか、人種差別とか、その他多くがふくまれる (p. 56)。

(49) Derrida, "The Animal," op. ct., p. 398.

(50) Diamond, "Experimenting," op. ct., p. 353.

(51) Richard Beardsworth, *Derrida and the Political* (London: Routeledge, 1996), pp. 130–131.
(52) ibid., p. 118.
(53) ibid., p. 119.　ビアズワースによって引用されたデリダ自身の言葉。
(54) ibid., p. 118.
(55) ibid., p.132.
(56) Derrida, "The Animal," op. ct., p. 396.　強調は引用者。
(57) Cora Diamond, "Eating Meat and Eating People," op. ct., p. 333.
(58) ibid., pp. 333–334.
(59) 本書一〇七頁。
(60) Jacques Derrida, "'Eating Well', or The Calculation of the Subject: An Interview with Jacques Derrida," in *Who comes After the Subject?*, ed. Eduardo Cadava, Peter Connor, and Jean-Luc Nancy (New York: Routledge, 1991), pp. 116–17.〔『主体の後に誰が来るのか?』ジャン=リュック・ナンシー編、港道隆+鵜飼哲ほか訳、一八〇頁〕
(61) Jacques Derrida, "Violence Against Animals," in Jacques Derrida and Elisabeth Roudinesco, *For What Tomorrow…: A Dialogue*, trans. Jeff Fort (Stanford, Calif.: Stanford U.P., 2004), p. 63.　強調は引用者。〔『来たるべき世界のために』J・デリダ+E・ルディネスコ著、藤本一勇+金澤忠信訳、九二頁〕
(62) 本書一一三頁。
(63) 本書一一九頁。
(64) 人工補綴器具(prosthetics)と関連する言語の技術性と機械性についてのみごとな探究や、テクノロジーの問題にかんしては、以下を参照。David Wills, *Thinking Back: Dorsality, Technology, Politics* (Minneapolis: University of Minnesota Press, forthcoming), and his earlier volume *Prosthesis* (Stanford, Calif.: Stanford U.P., 1995).

(65) Roland Barthes, Camera Lucida: Reflections on Photography, trans. Richard Howard (New York: Hill and Wang, 1981), pp. 76, 80–81.〔バルト『明るい部屋』花輪光訳、九九～一〇〇頁〕この部分は以下に引用されている。Jacques Derrida and Bernard Stiegler, *Echographies of Television*, trans. Jennifer Bajorek (Cambridge: Polity Presss, 2002), p. 113.〔『テレビのエコーグラフィー』原宏之訳、一八六頁〕

(66) Derrida, *Echographies of Television*, p. 115.

(67) ibid., p. 117.

(68) ibid., p. 120.

(69) 本書一一四頁。

(70) Derrida, *Echographies of Television*, p. 122.

(71) ibid., p. 120.

(72) ibid., pp. 120–21.

(73) ibid., p. 122.

(74) Stanley Cavell, *In Quest of the Ordinary*, op. ct., p. 131.

(75) 声の「横領」についてはStanley Cavell, *A Pitch of Philosophy* (Cambridge, Mass.: Harvard U. P., 1995)〔拙訳『哲学の〈声〉』〕の第1章を参照。デリダのオースティン読解に対するカヴェルの反駁については次の二箇所を参照。Stanley Cavell, *Philosophical Passages: Wittgenstein, Emerson, Austin, Derrida* (Oxford: BlackWell,

1995), pp. 42–90, and "Counter-Philosophy and the Pawn of Voice", in *A Pitch of Philosophy*, pp. 53–128.〔『哲学の〈声〉』第2章「反哲学と〈声〉の質入れ」〕

(76) Stanley Cavell, Philosophical Passages, op. ct., pp. 74–75.

(77) Stanley Cavell, In Quest of the Ordinary, op. ct., p. 135.

(78) ibid., p. 135.

(79) Jacques Derrida, "The Animal ." op. ct., pp. 378–79.

(80) ibid., pp. 381–82.

(81) J. M. Coetzee, *The Lives of Animals*, op. ct., p. 69.〔前掲『動物のいのち』一一七〜八頁〕

ONE

THE DIFFICULTY OF REALITY AND THE DIFFICULTY OF PHILOSOPHY

Cora Diamond

第１章

現実のむずかしさと哲学のむずかしさ

コーラ・ダイアモンド

私はこの論文で一連の現象に関心を向ける。最初の四節でこの現象はいくつかの例によって示される。最後の三節はそうして提示された主題をスタンリー・カヴェルの思想に関連づける試みである。

1　一度の露光

最初の例はテッド・ヒューズの詩である。一九五〇年代半ばの作で詩の題名は「六人の若者」。詩のなかの語り手はいま、見慣れた場所でほほ笑んでいる六人の若者の写真を見ている。語り手は、写真のなかのこけもも（ビルベリー）に覆われた土堤や樹木や古い壁を知っている。写真のなかの六人の若者の耳には、いまと同じように下方に流れる谷川のせせらぎの音が聞こえていただろう。四十年を経て、いま写真は色あせた。一九一四年に撮ったものだ。写真の男たちは深く十全に生きている。ひとりははにかんで視線を下げ、ひとりは草の葉の小片を噛み、ひとりは「ばかばかしく気取っている」。その写真が撮られてから六か月以内に、六人はみな死んだ。だから写真のなかには、これらの男たちの死の想念もまたあるはずだ。四十年たって腐り果て消え去ろうとしている、これらの笑顔のうえに降りかかる戦争の「最悪の閃光と破裂」の想念もまた。

この詩の最終スタンザはこうだ。

いま目の前に立ち、握手をし、溌剌とふるまい、
大声でしゃべる男でさえ、セルロイド上のこの六つの笑顔の
どれほども生きてはいない。
有史以前の伝説の獣でさえ、彼らほど死んではいない。
いかなる想念も彼らの煙る血ほど鮮烈ではない。
この写真を見つめるとき狂気に誘われもしよう。
このような矛盾した永遠の恐怖がここで

一度の露光から、笑みを浮かべている、
そして人間の肉体をその刹那と熱から押しのける。[1]

ここで私の興味を引くのは、精神（mind）が目の前に出会っているものを取り込むことができないという経験である。思考しえないものを思考のなかに取り込もうとするのは狂気の沙汰というものだ。だれも、これらほほ笑む男たちほどは生きてはいない。何ものも、彼らほど死んではいない。（だれも、その写真を見ている人ほどは生きていない。だれも、その詩を読んでいるあなたほどは生きていない。第6節で、私は死の想像力による「矛盾した永遠の恐怖」に立ちもどる。）

ところで、その写真には人を茫然とさせる点などまったく見受けられないというふうに述べることも容易にできる。それは、撮ってからあまり間をおかずに若くして死んだ男たちの写真である。矛盾はどこにあるのか――このように写真を理解すれば、何の問題もなく、私たちのもつ概念はその写真を適切に記述する。さらにまた、祖父がすでに死んでいるのを知っている孫に、生前の祖父の写真を見せる場面を想像してみよう。その子にはどう説明するだろうか。子供が「おじいさんが死んでいるなら、どうしておじいさんは笑っているの？」と尋ねたなら、「写真を撮ったときおじいさんは笑っていた、なぜならそのときおじいさんは死んでいなかったから、そのあとでおじいさんは死んだのだよ」という答えが返ってくるかもしれない。そのとき、子供はまさに言語ゲームを教えられつつある。そして、そのゲームのなかで物事がどう語られるかを理解するにいたるとき、子供は自分の問題がどのように消えていくかを見せられるのだ。子供が問題を見てとるその観点はいまのところそのゲームのなかには存在しない。それに対し、恐ろしい矛盾によって強い印象を与えられた詩人－語り手の観点は、もはやそのゲームのなかで語ることができなくなった人のもつ観点である。言語がゲームから押しのけられる。肉体がその刹那と熱から押しのけられように。

ヒューズが私たちに語っているのは、私が現実のむずかしさと呼びたいと思っているものの一例である。それはジョン・アップダイクの使った言い回しであるが[2]、私は自分が関心を向けている現象のために借用したい。私たちは、現実にある何かが、私たちがそれを思考することに抵抗しているように思われる経験をもつ、あるいは場合によっては、それが説明不可能であることに痛みを覚えるような経験をもつ。そういう意味において、それはむずかしい (difficult) ものであろう。あるいはたぶんそれが説明不可能であることに畏れや驚きをもつこともあろう。私たちは事柄をそのように解していない。そして私たちがそのように解している事柄は、ほかの人々にとって、その種のむずかしさを伴うものではまったくないかもしれない。つまり、理解しようとすることが困難でもなく、不可能でもなく、苦悶の伴うものでもないのである。

2　傷ついた動物

私たちの大半はみな、どこかが弱かったり、病身でさえあったりするものだ。だが意外なことに、そうした私たちの弱点そのものが私たちを助けている。

——ウィリアム・ジェイムズ『宗教的経験の諸相』

第二の例。この例は入り組んでいる。その一部は、南アフリカの小説家J・M・クッツェーが彼自身の「タナー記念講義」として講演した一対の講義である。この講義は、エイミー・ガットマン〔政治哲学、プリンストン大学教授〕の序論やそのほか数人の論評をくわえて『動物のいのち』[3]という書名で刊行された。その序論や論評もまた、私が理解したいと思っている例の一部をなしている。クッツェーの講義それ自体が小説の形式をとっている。[4]その小説のなかで、かなり年配の女流小説家エリザベス・コステロはアップルトン大学で冠講義をするように招待される。彼女は私たちが動物に行なっていることへの恐怖に取り憑かれた女性である。彼女が動物に対する人間の行ないを知り、その行ないへの恐怖によって、そしてほかの人々がいかに取り憑かれずにいるかを知ることによって傷ついていることを私たちは理解する。その傷が彼女を特徴づけ、彼女を孤立させる。

彼女が取り憑かれている仕方のなかで、そして彼女の孤立のなかで、ホロコーストの比喩は中心的な位置を占める。というのも、ホロコーストの比喩を使ってこの恐怖を考えることは、ひどく不愉快なことであるから——あるいはそのように感じる人もいるだろう[5]。

だから私はクッツェーの講義を、どこか傷ついているさま、取り憑かれているさま、むごたらしくも神経が剥き出しになったさまを提示するものであると述べたい。この女性を傷つけているものの、彼女の心（mind）[6]に取り憑いているものとは、私たちが動物に対して行なっていることである。これは、あらゆる恐怖を伴いつつ、そこに、私たちの世界のなかに存在する。それを目の前にして生きることは、どうすれば可能となるのか。ほとんどすべての人にとって、それはどうでもよいようなこと、一般に認められた単なる生活の裏面でしかないという事実を目の前にして、生きることはどうすれば可能となるのか。エリザベス・コステロが講義をする。だが、それはいろいろな意味で聴衆の期待とはかけ離れた講義である。彼女は自分のことを、学者たちの集まりで自分の傷をさらけ出しながらもそれを表には出していない動物であると述べる。彼女の服がその傷を隠しているけれど、彼女の話す言葉のすべてがその傷に触れていると述べる。だからこの話し傷つき服を着た動物の生活（ライフ）は、この小説が主題とする「動物のいのち（ライフ）」のひとつなのである。私たちが一般的にいって他の動物の生活について無知であるというのが本当だとすれば、この小説の読者としての私たちが、彼女の聴衆がそうであるように、小説の中核をなす話す動物の生活について無知であるというのもまた本当である。

私としてはクッツェーの講義をこのように記述したい。しかし、それはこの講義の評者たちがこの講義を記述する仕方とは違っている。エイミー・ガットマンはその序論的なエッセイにおいて、クッツェーが人間は動物をどう扱うべきかという倫理的な問題に立ち向かい、その問題を解決するひとつのやり方を支持する議論を虚構的な枠組みのなかで提示していると見る。ピーター・シンガーもまたクッツェーが虚構の枠組みにおいて議論を提示することに努めていると見る。つまりクッツェーが、私たちと動物の関係を適切に系統化する仕方としてある種の「過激な平等主義」[7]を支持する議論を提示していると見るのである。彼の考えでは、クッツェーの講義における議論は実際のところそれほどよい議論ではない。なぜなら、それは動物のいのちがもつ道徳的意義の源泉を明らかにできていない議論だからである。[8]シンガーの見るところ、その議論が小説の作中人物による議論であり、そのためにクッツェー自身はその議論からいくらか距離をとることができ、また議論に対し十分な知的責任をとらずにすむのである。もうひとりの評者ウェンディ・ドニガー〔宗教史、シカゴ大学教授〕はこの講義が深い感動を与えるものであるとみなすが、彼女はクッツェーの講義で暗に示されている考えを明確にする試みでみずからの応答を始める。彼女の解釈によれば、動物に対しふさわしい感情をもち動物と感情的な絆をもつようにと訴え、そして動物に対しふさわしい行動をとるようにと結論する議論が、クッツェーの講義で暗示されている考えである。霊長類学者バーバラ・スマッツ〔ミシガン大学教授〕によれば、クッツェーの講義は「動物の権利についての言説」をふくむテクストである。

この種の解釈にとって、傷ついた女性、取り憑かれた心と剥き出しの神経をもつ女性〔エリザベス・コステロ〕は、一連の倫理的問題の解決について（大いに想像力をかきたてるような仕方で）意見を述べるための道具として使う以外の意義をもたない。もっとも、そうした意見を別個に取りだして吟味することはできるが。どの評者にとっても、物語の題名〔「動物のいのち」〕には、物語の主人公である傷ついた動物とかかわるような特別な意義は何もない。どの評者にとっても、物語の題名には、私たち自身の生活、すなわち動物としての私たちの生活に引き寄せてその物語をどのように理解するかという問いに結びつくような意義は何もない。

こうして講義に対してはまったく異なる二つの見方があるわけだ。ひとりの傷ついた女性が提示されているという点にもっぱら関心を向ける見方がひとつ。またもうひとつは、私たちが動物をどう扱うべきかとの問題に対しひとつの立場が提示されているという点にもっぱら関心を向ける見方である。これら二つの解釈の違いは、クッツェーの講義において巨大な意義をもつホロコーストへの言及を私たちが考察するときに、とりわけ鋭く表面化してくる。ガットマンはこの言及についてクッツェーがアナロジーを用いて議論していると考える。[9] シンガーもまた、クッツェーの講義のなかにみずからが読みとった議論の組み立てにおいて、ホロコーストの比喩が一定の役割を果たしていると考える。彼はホロコーストへの言及を、エリザベス・コステロが過激な平等主義という彼女の銘柄（ブランド）を打ち出すための議論の一部であると見る。彼の信念によれば、ユダヤ人に対するナチスの振る舞いとそれに対する世界の反応もしくは反応の欠如と、私たちの動物の扱いと私たちが動物に行なっていることへの注意の欠如とには、いくつかの類似点があると主張しても何ら不当な点はないだろう。しかし彼がエリザベス・コステロの議論に見いだす問題点は、彼女が二つの事例を一緒くたにしている点である。彼女の議論は人間を殺すことと動物を殺すことの道徳的意義の違いを無視している(10)。

こうしてガットマンとシンガーは講義におけるホロコーストの比喩が議論の一部をなすと考える。動物とともにある私たちの生活のなかでホロコーストが繰り返されているように見えてしまうというふうに、ホロコーストに取り憑かれた女性がいる。自分の知るホロコーストの話をとおしてみずからの傷をさらけ出す傷ついた女性がいる。こうした事実は人を不愉快にさせ、人から理解されることはない——この点が、シンガーの解釈では全面的に、ガットマンのそれではほとんど全面的に抜け落ちている。ガットマンは登場人物のひとりエイブラハム・スターンの作中で果たす役目を考察する。スターンはエリザベス・コステロのホロコーストの用い方がほとんど冒瀆であるとみなす。ガットマンの見るところ、スターンを登場させることによってクッツェーは、私たちがお互いの見方を理解しようとするときに生じるかもしれない困難を描くことに成功している。しかし

「見方」という語は、他の登場人物に見られる厚かましくも鈍そうな神経とは対照的に、スターンとコステロの両方に見られる剥き出しの神経を表現するには、あまりにも一般的で当たり障りのなさすぎる語である。この対照が鮮明に立ち現れるのは、ホロコーストについてのもっとも過酷な詩のひとつがコステロ自身によって暗示されるときだ。空中を舞い降りる灰のなかの人間と暗示されるイメージは、魂を濁らせ死にいたらしめてまでも、みずからを守ろうとする私たちの肖像の一部である。[11]（ガットマンはスターンをコステロの「アカデミー上の同輩」として記述しているが、ふたりはその剥き出しの神経によってアカデミックな礼節の境界線ぎりぎりにまで追い立てられ、あるいは境界線を越えさせられるというふうに見たほうがよい。）

まったく対照的な二つの解釈のあいだの違いは、また、クッツェーの講義が単に道徳的あるいは倫理的問題と関係したものであると理解することができるかどうかの問題にもかかわる。というよりはむしろ、これは一方の解釈にとってまったく問題とならない。ガットマンもシンガーも講義をそういう仕方――彼ら自身が「動物の権利」についての言説を理解する仕方[12]――で理解することには問題があるかどうかを考察していない。もちろんクッツェーの講義の狙いは実際に倫理的問題に取り組むことにあるのかもしれない。しかし彼は自分が語る物語の作中人物をもつ以上、その作中人物が仮定上の「問題」を「倫理的問題」として論じるのは、ホロコーストの否認をまじめな議論に値する問題として論じるのと同じくらい疑問の余地が残る。私が思うに、クッツェーの講義がその「問題」に関心を向け、それに関連する議論を提供していると解釈しうるというような常識論はほとんど成り立たないのである。講義のなかにひとりの傷ついた女性を見るならば、彼女を傷つけているもののひとつは、まさしく、「私たちはどのように動物を扱うべきか」が「倫理的問題」であるという平凡で常識的な考え方であり、さらにいえば、その問題についての議論に彼女が貢献している、あるいは貢献しようとしているとみなされるだろうという知識なのである。しかし、これが「問題」となる私たちとは、どんな種類の存在であるのか。（ここでは、クッツェーの講義によって私たちがジョナサン・スウィフトの著作やスウィフト読解についての問題に導かれるという点が重要である。それに対し、ガーバー〔英文学、ハーバード大学教授〕を除けばどの評者もスウィフトに言及すらしないし、スウィフトを論じた講義のなかの数頁が、クッツェーの関心事がどこにあるかを彼らが推測するうえで不可欠であることを理解してもいない[13]。）

エリザベス・コステロは彼女が伝統的な論証を行なっているように受け取られたくはないと言う。私たちは彼女をあるがままに見るよう促されている。彼女は、くさぐさのことを嫌というほど思い知らされたあげくに、考えることの限界、理解することの限界を強く意識した人なのだ[14]。とすればクッツェーの講義にふくまれている議論の断片はどんな役割を果たすのか。これにかんする私の論評は最終的なものではないが、次のようなことを熟考する点に眼目をもつ。すなわち物語のなかで議論はエリザベス・コステロによってどのようになされているかをまず真剣に受け止めることなしには、クッツェーの講義におけるあれら断片的な議論の役割を理解することはできないと。彼女は、哲学者たちがそうするという意味で、ほかの人々と議論を闘わせたりはしない。他人が出した議論への彼女の応答（responses）は、他人が期待していたような種類の議論への参加ではなく、そこから逸れたものだ。彼女はみずからに投じられた議論に論評をくわえはするが、しだいに投じられた議論から方向を逸らし、彼女独得のとても変わったアプローチの仕方を示唆するのである。死んだ雌鶏はギロチンを論じたカミュの著作のなかで言葉を話しているのだという彼女のイメージから明らかなように、彼女は哲学でいう論証の慣例などを真に受けたりはしない。（論証の慣例という観点からすれば、これは明らかに、私たちがそうすることができるように、動物は自力で言葉を話し、自力で権利を主張することができないのだという争点に応答するものではけっしてない。このイメージそれ自体は「薔薇は雌牛の口に歯をもつ、なぜなら雌牛が飼料を噛み、それで薔薇に施肥するのだから」というウィトゲンシュタインのそれを彷彿とさせる。）エリザベス・コステロの応答は哲学的な意味では「答弁（replies）」として理解できる。もっともこうした読みでは、物語の重要な特徴とりわけコステロの思想においてその応答が占める重みを見落とすことにしかならないけれど。彼女という動物の生活において、議論なるものは、一般に私たちが属しているとみなされる動物の生活において占めるような重みをもたない。彼女の見るところ、私たちが論証に頼るということは、とりもなおさず、生ける動物として存在することへの私たち独得の感覚を役立てる道を閉ざすことなのだ。[15] また動物の生活がどんなものであるかに対するそうした感覚を私たちに取りもどさせる能力をもつのは、彼女にとって、哲学ではなくてむしろ詩のほうなのだ。[16]（クッツェーの講義を動物の扱い方にかんする「討論」に貢献するものとして見るならば、一般に「討論」として理解されているものがどんなふうにして、身体の生活に対する私たちの感覚や、他者の身体の生活を想像し応答する私たちの能力から私たち自身を引き離してしまうかは見えなくなる。）

「クッツェーの講義は何よりもまず文学として読まれねばならない」と言うことがどれほど有益なことであるか、私にはよく分からない。なぜならこの講義を文学として読むということが何を意味するかがはっきりしないからである。しかし、やってはいけないことは少なくともいくらかは明らかである。つまり、講義のなかの考えや議論を、あたかも、それらが私たちに差し出されるひとつの方法として虚構的な形式という衣装を身にまとっているかのように、引き出さないこと。（このことはたぶんホロコーストの比喩の使用が関係してくるときとくに明らかになるだろう。その比喩を使うことによってクッツェーがどんな点を強調しているのかを理解したいとの願望から、一般的な言い方をすれば、講義に対する様々な定式化が出てくる。たとえば、クッツェーが明確にしたのは人々の感受性がかけ離れている場合に倫理的衝突を解決する方法がありうるのかという問題である（ガットマン）。あるいはシンガー自身がそれを受け入れるかどうかは別にして、クッツェーは過激な平等主義の擁護論に取り組んでいる（シンガー）。――エリザベス・コステロは物語の最後で彼女は「大げさに考えている[17]（モグラの掘り土から山をつくっている）」のではないかと自問する。けれども心には、心のなかには山がある、恐ろしい切り立った絶壁がある。「一度もそこにへばりついたことのないものは、それを軽んずればよいのだ」。そこにへばりつくとは、どのようなことか。彼女の息子がどんな慰めをもたらすだろうか。「さあ、さあ、もうすぐ終わりになりますよ」？「さあ！　這うのだ、惨めな魂よ、渦巻く風のなかでも支えになる慰めを抱いて。死はすべての生命を滅ぼし、そして一日一日は眠りのなかで死に絶えるのだから」。絶壁にへばりつくとはどういうことか、眠りと死の慰め以外に何ももたずに絶壁にへばりつくとはどういうことか、それをまっすぐ見る感覚を、どうしてホロコーストの比喩がもたらすのかを理解しないならば、私たちはクッツェーの講義を本当には読みはじめていなかったのだと私には思われる。しかしまたこうも思われる。描写は、それがどんなに感動的なものであろうとも、しょせん主観的な応答の描写でしかなく、その意義は検討する必要があるといった哲学的な読解をするのも、あるいはしはじめるのも余儀ないことであると。）

クッツェーが私たちに提示する見方、すなわち深く動揺する魂という見方が私たちの解釈の中核をなすと考えるならば、もう少し踏み込んで何か次のようなことを示唆したくなるのが当然のように見えるかもしれない。ウィリアム・ジェイムズがギフォード講義で言っているように、私たちは「病める魂」から現実の見方を学ぶことができる。クッツェーの講義における「病める魂」は私たちに現実のむずかしさのひとつを見させてくれる。それは、動物の生活とかかわる人間の生活のむずかしさ、私たちが行なっていることへの恐怖、私たちがそれを意識から消し去っていることへの恐怖のむずかしさである。

クッツェーの講義から学びうることについてのこうした見方のもつ難点は、それがエリザベス・コステロの見方に全面的に依拠して成り立つものであり、エリザベス・コステロの見方をクッツェーの見方と同一に扱う点にある。しかしクッツェーは私たちにこうも教えている。私たちと動物の関係についての彼女の考えは、私たち〔人間どうし〕がお互いに対して行なっていることへの底なしの恐怖に影を投げかけているように見える。まるで私たちは、私たちが動物に対して行なっていることのイメージとしてホロコーストに焦点を合わせつづけるならば、それを見る、そしてそれが示す私たち自身の姿を十分に見る私たちの能力を失うのが不可避であるかのように。だからここには、コステロには見えなかった現実のむずかしさの一部分がある。私たちはひとつのむずかしさを凝視するかぎり、別のむずかしさを見ることができないようだ。また講義にはさらに重要な主題もある。それは私たちが彼女の考えにのみとらわれているかぎり目に入りようのない主題である。すなわち現実のむずかしさに焦点を合わせようと試みることのむずかしさである。というのも、そうした試みはすべて人と人とのあいだの権力関係と密接に絡みあっているからである。食事制限をしたりその擁護論を展開したりするのは、とりもなおさず一部の人々が他の人々に対して優越性をもつと主張するのを可能にするひとつのやり方であるとの訴えにエリザベス・コステロは応答する。しかし講義そのものが私たちに残すのは、彼女の家族の内部にある複雑な心理力学という描像である。そしてその力学のなかでは彼女の孫が、動物に対し、そしてベビーアニマルを食べることに対しどう反応するかは、彼女と彼女の義理の娘とが互いに反目し憎しみあっていることと切り離すことができない。

エリザベス・コステロはテッド・ヒューズを話題にしながら「作家とは自分が気づいている以上のことを人に教えるものだ」と言う。またヴォルフガング・ケーラーを話題にしながら「私たちが読む本は彼が書いていると思った本ではない」と言う。ガーバーはこのふたつの見解がクッツェーについて述べたものだとみなしうると言う。しかしこのように述べるとき彼女は少しばかり要点を見落としている。私ならそれを拾いあげてこう使いたい。クッツェーは私たちに魂の深い動揺という見方を提示し、そしてその見方をある複雑なコンテクストのなかにおく。そうすることで何がなされているのかを彼は私たちに教えることができない。彼は知らないのだ。講義のむずかしさ、現実のむずかしさに私たちがいかなる応答をもちうるかは、講義それ自体が結着をつけようとしている問題ではない。このこと自体が、私たちがどのような動物であるかについて、いやそれどころかこの種の動物がもつ道徳的生活についてのひとつの理解の仕方を表現している。

3 逸れ

クッツェーの講義は私たちがどのような動物であるかについてのひとつの理解の仕方を提示していると私は示唆した。講義によれば、その理解の仕方は語の広い意味で詩のなかにあるということができる。またこうも考えられる。私たちがどのような動物であるかについての理解は、ただ縮減され歪曲された形でしかないが、哲学的な論証のなかにもあると。私たち自身の現実と他者の現実、とりわけ動物というあの「他者」の現実に対し誤った説明を与えるのは哲学に特徴的なことである。ではクッツェーの講義に対するガットマンやシンガー（ドニガーやスマッツの場合はこのふたりほどでもない）の応答のなかに私たちが見るものは、講義が道徳的問題の論証的言説のコンテクストにおかれているという事実である。ここで生じていることに対する何か用語のようなものがあればいい。私はそれをカヴェルの論考「知ることと認めること」から借用したい。私は苦しんでいる、それなのに私の苦しみは〔人に〕知られたり気づかわれたりすることがまるでない場合があるとか、「ほかの人が苦しんでいて、私はそれを知らない場合がある[18]」とか、そうした何かぞっとするようなことを理解することから始める（と私たちは想像するが）哲学者についてカヴェルは書いている。しかしそうした哲学者の理解は逸らされている。哲学者が哲学的懐疑論の言語で考えたり考え直したりするとき、問題は逸らされる。その懐疑論への哲学的応答、たとえば懐疑論が〔概念的に〕混同しているといった論証はここで[19]問われている真実からさらに逸れる。カヴェルの考えにはあとでまた立ちもどることにする。ここでは単に、私たちが現実のむずかしさを理解する、あるいは理解しようと試みることから、一見その近辺にあるかに見える哲学的もしくは道徳的な問題に移っていくときに生じていることを記述するために「逸れ」という観念を用いたいだけである。

ここで手短に最初の例であるテッド・ヒューズの詩に立ちもどってみよう。そこで表現されているのは、私たちが思考しうるものを超えた地点に私たちを押しやるようなむずかしさの感覚である。それを考えようと試みることは、すなわちみずからの思考の蝶番がはずれる（錯乱する（unhinged））のを感じることに等しい。私たちの概念、その概念でやっていく私たちの日常的生活は、このむずかしさの傍らを、あたかもそれがそこに存在しないかのように、通りすぎていく。そのむずかしさは、私たちがそれを見ようとすれば、私たちを生から押しのける、ぞっとするような死の冷たさをもって。ガットマンやシンガーに見られるように、哲学が現実のむずかしさから逸れてしまうことを、では、どのように記述することができるだろうか。私の念頭にあるのはおもに、ふたりがクッツェーは道徳的問題の議論に貢献しているとみなす点である。私たちは動物をどう扱うべきか。私たちは動物を食べるべきか、私たちは動物に権利を与えるべきか、等々。哲学はこれをどうすべきか知っている。たしかに、それは難問だ。だがしかし、大学の哲学科はそのためにあるのだ。厄介な問題をどのように議論するか、何がよい議論であるのか、裏づけもなしに主張をするときに感情によって歪められるものは何か、こうしたことを教えるのが大学の哲学科である。カヴェルの使う「逸れ」という語を借りて私が示唆したかったことは、哲学的論証において問題となるむずかしさ(hardness)が現実のむずかしさ(difficulty)を理解する、あるいは理解しようとするときに問題となるむずかしさ(hardness)ではないという点である。後者の場合のむずかしさは、(日常的な思考の仕方をもふくめ)日常的な生活の仕方に対して現実が抵抗するように見えるという点にある。そのむずかしさを理解することは、自分がものを考える仕方、一見考えているとみなされている仕方から自分が押しのけられるのを感じることであり、あるいは思考が到達しようと試みているものを包みこむことのできない思考の無力さの感覚をもつことである。エリザベス・コステロのような人が感じている深い孤立は、そのむずかしさを理解するひとつの形だといえるかもしれない。ここで、彼女の肉体が傷ついているという彼女の言葉を思い出そう。彼女の孤立は肉体のなかで感じ取られている。ヒューズの詩の語り手が写真から肉体が投げ出されていると感じているように。クッツェーの講義は私たちに肉体に住むことを求める。[20] しかし、ある動物にとって死とは何であるかを熟考するさい、私たちは想像のなかでその動物の死体(ボディ)に住むという私たち特有の能力を拒絶するかもしれない。[21] ちょうどこれと同じように、講義を読みながら私たちは、私たちが動物に対して行なっていることのむずかしさと対決する、対決しようと努める女性の肉体に想像のなかで住むという私たち特有の能力を拒絶するかもしれない。道徳的問題の議論への逸れは、私たち自身の肉体を単なる事実と化すような逸れである。ここでいう事実とはつまり、俎上に載せられている個々の道徳的問題に応じて、これやあれやの観点から、道徳的な関連性があるとかないとかみなされるような事実のことである（ひょっとすれば私たちの有感性（sentience）は私たちが有する「道徳的地位」に関連するとみなされるのかもしれない）。だからここで私はみなさんに、現実のむずかしさを理解しようとするとき、「逸れ」ないとはどういうことであるのかを、（自分自身のであれ、想像上の他者のであれ）肉体に住むこととして考えてみるようにお願いしたい。これではまるで、この種のむずかしさを理解することから哲学は不可避的に逸れてしまうかのような印象を与えるかもしれない。（いいかえれば）哲学はどうやって肉体に住むかを知らない（傷ついた肉体をひとつの事実として以外に扱う仕方を知らない）かのような印象を与えるかもしれない。この問題にはあとで立ちもどろう。また、自分固有の死を想像するクッツェー、死滅することにかんし本当の意味で具体的な知識をもとうとするクッツェーにもあとで立ちもどろう。というのは、それもまた講義の重要な眼目であるのに、どの評者も触れてはいないのだから。

4　美と善、そして刺々しさ

私は初めに一連の現象に関心を向けると言った。だがこれまでのところ私は二つの例を示しただけである。それだけではこの現象のおよぶ領域を十分に示すことができない。この状況をいくらかでも改善するために、手短にほかにいくつか例を挙げてみよう。

最初の例は生と死にかかわる詩から求めた。第二の例は私たちが動物に対して行なっていることへの恐怖（horror）から求めた。しかし私が現実のむずかしさと呼ぶもののなかに、何かまったく別種のものをふくめたいと思う。これから述べる善と美の事例は私たちを面食らわせることもあろう。つまり私が言いたいのは、この事例は私たちにこんなことがあるはずがないという感覚を与える場合があるということ、私たちはそれを世界がどのようにあるかについての私たちの理解の仕方に折り合わせることができないということである。それがあるということは、まったく説明不可能である。にもかかわらず、それはある。チェスワフ・ミウォシュが美について書いているのはそういうことである。「それは存在するはずもない。それを肯定する理由もないが、かといって否定する道理もない。しかし疑いようもなく、それはある……」。彼が書くのは、緑の樹冠をもつ木立ちのほっそりした形状や、朝に挨拶する窓外の鳥たちの声のなかに立ち現れているかに見える神秘である。なぜこれが存在しうるのか。——私たちと動物の関係の場合、現実のむずかしさの感覚には、クッツェーの講義のなかのエリザベス・コステロが感じるような恐怖がふくまれるだけでなく、それと同じように、私たちとよく似ている生き物が存在し、まるで似ていない生き物が存在し、私たちの仲間になりうる驚嘆すべき能力をもちながら測りしれぬほどかけ離れている生き物が存在するという驚きと不可解さの感覚までもがふくまれる。そうした生き物をまさか食べるなんてありえないという感覚には、次のような印象が伴っているかもしれない。すなわち、そうした生き物と私たちとが分かちもつものは私たち人間どうしが分かちもつものと同じであるにもかかわらずやはり同じではないとか、そうした生き物はたぐいまれな美しさと繊細さと恐るべき獰猛さとをもつとか、なかにはその形状や生態が面食らうほど怪異であり醜悪であるものがいるとかいったきわめて強烈な印象である。人間の孤絶性が、美と醜を混ぜ合わせながら、ひとしく光輝にも恐怖にも転じるというカヴェルの所見にはあとで立ちもどろう。だがカヴェルの使うこうした言葉は——彼は人間の孤絶性に感覚的な特徴を与えようとしてこうした言葉に訴えているのだが——、私たち自身の生活のそれと比べて動物の生活のもっと並外れた感覚的特徴を表現するために私たちが使おうと思う言葉にとてもよく似ている。

ルート・クリューガーは彼女の回想録『生きつづける——ホロコーストの記憶を問う』[23]のなかで、アウシュヴィッツの若い女性の行為に対して彼女が覚えた驚きと畏れを書きしるす。その女性は怯える十二歳の子どもルートに嘘をついて自分のいのちを救うように促し、そのあとみずから立ちあがり彼女をあの選別から外したのである。クリューガーはこの物語を驚きとともに語っていると言う。そして、あの若い女性が行なったこと、あの日彼女を感動させたあの「比較を絶していて説明もできない」善に対する驚きが消え去ることはけっしてなかったと。[24] ヒューズの詩を論じているとき、私はこう指摘した。すべての人が、その写真や写真に映し出されているものが人の心をぎょっと驚かせるものであると考えるわけではないと。あの男たちは生きていた、そしていまは死んでいる。どこに問題があるのか。クリューガーはこう言う。彼女が彼女の物語を驚きとともに語っているとき――

人々は私が驚いているのを不思議がる。彼らはこう言う。分かったよ、利他的な人もいるさ。分かりきったことじゃないか。私たちは驚いたりはしない。あなたを救ったというその若い娘は人を助けるのが好きな人だったのだろうよ、と。

ヒューズの詩の場合と同じように、ここでも、善を理解することのむずかしさ、ふだん理解しているような世界と折り合いをつけることのむずかしさという点で、ある人には驚くに足るものが、ほかの人にとっては驚くにはおよばないものと見えるかもしれない。クリューガーは読者に、単に場面を見るのではなく、彼女の言葉に耳を澄ましてほしい、起こった出来事をばらばらにしないでほしい、彼女が語るとおりに「それを吸収して」ほしいと言う。[25] 彼女は、彼女の持続する驚きのなかに住むことのできるような想像力を要求する。彼女が避けてほしいという「ばらばらにする」行為とは、この物語から距離をとることであり、あれやこれやの処世術と折り合いをつけることであり、真実から逸れることであるだろう。

（奇跡的なものという概念を論じながら、R・F・ホランド[26]は、経験的には疑問の余地もなく生じているが、同時に、概念的には不可能であるような出来事という概念を提示する。水が葡萄酒になったという『新約聖書』の物語は「経験的には実際に起こったこととして認められることも可能であったような事象の物語である。そしてそれはまた概念的には不可能であるような出来事の物語でもある」。それが奇跡の物語であるためには、両方の条件がともに成り立っている必要があるとホランドは言う。彼がいうような種類の出来事は、私たちにとって、思考することが不可能であるが、げんにそこにある出来事である。クリューガーは彼女の身に起こった出来事の物語を始めるにあたり、それを慈悲の行為だと言う。そして私は、彼女のしていることが、ホランドのいう意味で、それを奇跡として見ることと同じであると示唆しようとは思わない。しかし私はクリューガーの表現する驚きと畏れを、ホランドのいう意味での奇跡に対して人が感じるであろう驚きと畏れに、いやそれどころかミウォシュのいう美の存在への驚きにも結びつけたい。）

A・S・バイアットの（『オックスフォード版英国短編小説集』[27]の序論的エッセイの）記述によれば、メアリー・マンの物語「リトル・ブラザー」[28]は「あからさまで、そっけなく、明快で、ぞっとする」。マンによる物語の語り口は「道徳と道徳不全に対して刺（とげ）がある（spiky）」。バイアットはこれ以上のことは言わない。だから語り口が道徳不全に刺があるということで彼女が何を言いたいのか、また、刺のある語り口が語られている中身のおぞましさとどう関係するのか、その全貌が明らかになるわけではない。（語られているのはふたりの貧しい子供の遊びである。おもちゃのないふたりの子供たちが死産でこの世に生まれてきた弟をおもちゃに遊ぶ。語り手は子供たちの母親にその瀆神的な行為をどう思うのかと問う。ここで瀆神という言葉は母親に向けて使われている。）この物語は道徳的生活のもつ慣れ親しんだ感覚から私たちを押しのける。道徳的世界について考えることができるとか信じることができるとかいう感覚から私たちを押しのける。ここでは道徳的思考が宙に浮く。生じていることのおぞましさと、道徳的思考が語られた現実から感受する抵抗のおぞましさとが分かちがたく結びついている。（レナード・ウルフの「真珠と豚」[29]は、道徳と道徳不全に「刺がある」という点で類似した物語であるように私には思われる。この物語には人種差別や植民地主義への批判という側面がある。だがそれはおぞましさを語るものでもあって、そのおぞましさを深く受けとめた人を道徳的生活のもつ慣れ親しんだ感覚から押しのける。）ここでもまた私はこう注意を促しておきたい。ここであるいは別のところで語られた現実が私たちの道徳的思考様式に抵抗するという感覚は、すべての人が認知するわけではないと。

5　石と化して

もう一度ヒューズの詩。矛盾した永遠の恐怖が人間の肉体をその刹那と熱から押しのける。見ることは、すなわち死を経験すること、石と化すことである。刹那と熱を失い、永遠で冷たく硬いものと化すことこそ、カヴェルが『冬物語』や『オセロー』における懐疑や知識について論じるときの中心的なイメージなのだ。[30] 彼は『冬物語』についてこう言う。石と化すというヘルミオーネの運命は、ある意味でレオンティーズの運命であるものを引き受けた結果であると理解することができる。レオンティーズは彼女を承認できず、その無力さが彼女を石と化す。「だから」それは彼自身に対して行なっていることなのだとカヴェルは言う。「これを、彼自身がもつ無感覚、生ける屍のような感覚の投影と見ることができる」。そしてカヴェルは、なぜそれがレオンティーズの運命であったのかと問う。[31] カヴェルは洒落を用いて二つの芝居を結びつける。どちらの芝居でも「男がみずからの他者を知ることを拒絶したその帰結は、石の想像力によるものだ」。ここでは想像の対象としての石（stone）と、想像力を支配する石のごとき冷酷さ（stoniness）とが含意されている。オセローはデズデモーナの肌が雪花石膏の滑らかさをもつと想像する。[32] 彼は彼女を石として想像し、彼女の心が石と化すと言う。だが「彼女の石の体に石の心を付与するのは」オセロー自身である。彼の「石の言葉」は彼自身が被っているもの、つまり石と化した心を彼女に転移する。[33] オセローを突き動かしているのは、デズデモーナの存在、彼女の孤絶性への耐えがたさである。この孤絶した存在の可能性についてカヴェルはこう言う。それこそがまさしくオセロの煩悶の種なのだ。「他者の存在いいかえれば彼自身の従属的で不完全な存在の予兆が、彼の苦しみの中身である」[34]。孤絶性が恐怖として感じられることもあろう。[35] 恐怖として反応したがゆえに、「救いの手の及ばないところ」がオセローの居場所となった。

カヴェルがしばしば孤絶性として言及する現実のむずかしさを、私たちは多種多様な仕方で理解する、あるいは理解しようとする、あるいは理解しまいと抵抗するが、そうした多種多様な仕方と懐疑論との関係や結びつきを、彼は数多くの著作において追跡してきた。ここでいう懐疑論そのものは、私たちの生活にも、合理的な思考にもとづく私たちの哲学的伝統の中枢にも見られる。彼の思考がこうした問題に対してとった初期の方向は、ある種「結論」めいた言明のなかに見ることができる。その結論とは「他人の心にかんする懐疑は懐疑ではなく悲劇である」[36] との言明であるが、彼は自分の思考がこの「結論」へ向かって進んでいると考えていた。もっと早い時期の論考「知ることと認めること」[37] における彼の関心はもっぱら、懐疑論に対するウィトゲンシュタイン的な応答の不十分さと彼がみなすものへ向けられていた。もっともここで問われているのは、ウィトゲンシュタインそのひとの応答ではなく、ノーマン・マルコムやジョン・クックのようなウィトゲンシュタイン寄りの哲学者のそれであるが。マルコムやクックは他人の心に対する懐疑論者が次のような混同をしているとみなす。すなわち、私たちが自分自身の感覚や他人のそれについて話したり、自分自身の感情を表現したり、他人の感情にかんして私たちが知っていることや疑っていることや確信をもっていることなどについて話したりするような言語ゲームのなかで、何が言いうることなのかを懐疑論者は混同していると。こうしてクック[38]は、私たちは他人の感じていることを実際には感じることができない、他人のもつまさにその感情をもつことができないという事実は私たちが被るある種の制約であるとの考えを批判する。そうした考えは（彼によれば）、他人の感情への近づきがたさを、見越すことのできない壁の向こう側の庭で咲いている花への近づきがたさに似たものとみなす理解の仕方を反映している。クックが批判するのは、他人の痛みにかんして、私が立ちえない場所、他の人自身が立っている場所、決定的な場所について私がもつかもしれないような考えである。彼の議論が示そうと試みているのは、懐疑論者が一種の無力さとみなしているものが実際は二つの言語ゲームのあいだの違いの問題にすぎないという点である。痛みの言語ゲームにおいて、人が他人のもっているものをもつような場所はない。私たちが立つことのできないようなそこがないならば、そこに立つことが「できない」のではない。クックの説明はこうして私たちに懐疑論者の見方が混同しているのを分からせる。カヴェルの応答は驚嘆すべきものである。彼はクックの議論を懐疑論者が話している状況のなかにおく。そして私たちを、その状況を想像し言葉へかかる圧力に気づくように仕向ける。そして、他人が被っているものから距離をとるという私たちの経験とともに何が生じているかを私たちに示す。私たちがその経験を言葉にする、あるいはしようと試みるとき、私たちにはそのための言葉がない、言葉は私たちが言葉にさせようと試みることをしない。言葉がないという事態は、たまたま私と私が見たいものとを隔てている壁の向こうを見ることが単にできないだけであるという事態と同じであるかのように見える。しかし私たちが言葉に要求することを言葉がするには言葉は一見あまりに弱すぎるように見えるからといって、この非力さの経験には一種の文法的な誤りが内包されていることが示されたということにはならない。しかし言葉が私の望むことをなしえないように見える以上、ではなぜ私は言葉に訴えたのか。私は他者がもっているものをもつことができないのだから、なぜ、とりわけこの経験は他者のなかにあるものを知ることができないという経験であるように見えるのか。カヴェルはこう言う。「私はこの感情で――たとえば、私たちが孤絶した存在であるとの感情で――いっぱいになる。そして私はあなたにもこの感情をもってほしい。だから私はそのことを声に出して言う。そのとき私の非力さは無知――知的欠乏としての形而上学的有限性――として立ち現れる」[39]。だから彼のクック批判は、私たちがクック自身の声を違った仕方で聞くことを可能にするような形をとる。クックが懐疑論者の考えを否定してそれは「本質的に混同している」と言うとき、カヴェルは私たちに、哲学的懐疑論の声を「正す」応答の声として彼の声を聞くように仕向ける。[40] カヴェルの応答は驚嘆すべきものであると言ったとき、私が言いたかったのは、彼が私たちに、クックとクックが批判する懐疑論者の両方の声を聞く仕方を教えるという点なのだ。そうした声の聞き方は、他者の人間らしさが手の届かぬほど遠くにあるかに見えるような状況に彼らを送り返し、そしてそれゆえ私たちに哲学がどこでどのように始まるべきかを指し示す。――これが私たちを逸れの主題へと連れもどす。

第3節で私はカヴェルの記述を引いた。私たちには他人の苦しみを捉えそこなうという潜在的な可能性があり、また、私たち自身の苦しみが人に知られたり気づかわれたりすることがないという可能性があるとの事実、この不可避の事実に対する感覚で私たちがいっぱいになるかもしれない。私たちは互いに隔たっている、私たちの理解は逸れる、そして問題それ自体が逸らされ、結局はあれやこれやの形式をとった哲学的懐疑論として帰結するといった事実の感覚でいっぱいになるかもしれない。そうなるのはどうしてかとカヴェルは問う。私はまた、反懐疑論的な応答がさらなる逸れであるというカヴェルの考察をも引用した。反懐疑論的な応答は懐疑論者の根本的な洞察を顧みない。[41] 懐疑論者自身の痛みに対して他者が立っている場所に対する懐疑論者の感覚を顧みず、そして、その感覚が他者の痛みに対して当の懐疑論者が立っている場所に投じる光を顧みることがない。逸れるというイメージは、その後のカヴェルの著作においても、ある道を発見してその道を歩みつづけるということができないむずかしさとして哲学のむずかしさを記述するとき、[42] 暗黙のうちに保たれている。というのも私たちがここに見る逸れは、私たちが発見し歩みつづける必要のある道からの逸れであるから。しかしそれはまた、懐疑論者の経験の中心にある苦痛という可能性を見ることからの逸れ、取り込むことからの逸れである。彼が人間の条件のうちに見るもの、彼から理性を奪うもの、それは姿を変えて、知性のむずかしさとして論じられている。[43] この点にかんしてはあとでまた立ちもどろう。しかし、まずはクッツェーの講義やヒューズの詩との関係をもう少し論じておきたい。

6　正しさと露わさ

クッツェーの二番目の講義には、虚構上の哲学者トマス・オハーンによるエリザベス・コステロの考えへの応答がある。[44] それはまた、シンガーやトム・リーガンのような哲学者が推進する「動物の権利」擁護論のいくつかへの暗黙の応答でもある。しかしここでは実在の哲学者マイケル・リーヒーの応答を考察しようと思う。リーヒーの応答はオハーンのそれといくつかの類似点をもつが、むしろカヴェルの思考との関係をよりいっそう容易に理解させてくれる。リーヒーの議論は二つの部分からなる。彼はまず、私たちが動物や動物の痛みや願望などについて話すさいの言語ゲームとは何であるかを確定しようと努める。[45] 動物の解放論者にありがちなことだが、彼らは、これを恐れている犬とかあれを信じているチンパンジーとかいった動物の心的生活について私たちが話す言語ゲームと、人間についてそうした語彙を使うときの言語ゲームとは「決定的に違っている」のを認めることができないとリーヒーは論じる。[46] この論点にもとづいてリーヒーはさらに、動物を様々な仕方で（ペットや食料や実験台や毛皮として）利用する私たちの習慣が「不必要な苦しみとは何であるかを私たちが判断する規準を決定している」[47] と論じる。そしてこの部分が議論全体の後半である。こうして二つの部分からなる彼の議論の全体的な目論みは、動物の権利を主張する根拠を切り崩すことにある。動物の解放論者に対するリーヒーの応答は、他人の心についての懐疑論に対するクックの応答と似ていなくもない。クックと同じように、リーヒーは、まったく異なった二つの言語ゲームのあいだの違いを認めることができない点が、彼が診断を下したがっている混同の究極の原因であるとみなす。彼の議論の二つの部分がどう繋がるかについて、言語ゲームの違いを認めることにはリーヒーが想定するような実質的な含意があるかどうかについては、提起されていい様々な問題がある。[48] しかしそれはここでの私の関心事ではない。私はむしろリーヒーの声に関心がある。そして論考「知ることと認めること」においてカヴェルがマルコムやクックの声を用いて例証したような反懐疑論的な声とリーヒーの声との関係に関心がある。クッツェーの場合とカヴェルの場合とはかならずしも並行していない。そして動物についての哲学的討論は、懐疑論についての討論とせいぜい部分的に並行しているものとしてしか扱うことができない。[49] しかし私たちの関心の対象は両者〔動物論と懐疑論〕における日常的なものの拒絶——いいかえれば、現実のもつ厄介さによって、私たちの考え方や話し方から押しのけられているという感覚——である。どちらの場合も、その拒絶は、知的討論であれかこれかの立場を表明するという形で聞きとられるかもしれない。どちらの場合も、討論で対立する当事者たちは自分たちが気づいている以上に多くの共通点をもっているかもしれない。片方にシンガーのような人々の声〔意見〕、もう片方にリーヒーや虚構上のオハーンのような人々の声がある。動物の権利にかんする討論において聞こえてくるそうした声に共通するのは、「……なのだから」への願望である。動物とはこうした存在なのだから、あるいは、ああした存在なのだから、私たちの道徳的思考に対して動物がもつ地位はこうなのだ、ああなのだ。カヴェルが私たちに教えてくれたような仕方で、こうした声を聞くならば、私たちはその声のなかに一種の懐疑論を聞くことができるだろうか。それは、私たちが（私たちのような動物として）強いられているものより何かもっとよいものへの欲求という姿をした懐疑論だろうか。しかし私たちはいったい何を「強いられている」とみなされるのか。『理性の呼び声』のなかでカヴェルは「露わさ（exposure）」という語を使って私たちの状況を論じている。「露わに曝される（being exposed）」とは、たとえば「他者についての私の概念」の場合がそうであるように、「概念を適用するときに私には保証が与えられていない」を意味する。「他者は、私が自分の態度を決める根拠となるようなしるしや特徴を何ひとつ私に見せることができない[50]」。彼によれば、私が曝されているのを容認することは、他人にかんする私の知識の場合でいえば、「他人にかんする私の知識がくつがえされるかもしれないという可能性、くつがえされるにちがいないという可能性をすら容認することが含意されているように見える」。それは私が理想的な場所とみなすもの（私が欲するもの、あるいは欲するとみなすもの）のなかに立っていないという事実の容認を含意する。[51] 動物の場合においで私たちが「曝される」とは、そこには私たち自身の責任を除いては何もない、私たちがそこで最善を尽くすしかないという事態を指す。ここでもまた私たちは私たちが「理想的な」場所とみなすもののなかに立ってはいない。私たちは次のようなことを理解したい。動物とは何であるかが仮定として与えられ、それにまた私たちの特性いいかえれば私たちがどのような存在であるかが仮定として与えられるならば（私たちの「しるしと特徴」と動物たちのそれとを所与とすれば）、動物の苦しみと私たちのそれとを比べ、動物が必要とするものと私たちのそれとを比べることの道徳的意義を確立するような一般原理が存在すると。そのとき私たちは動物たちに対するどんな扱いが道徳的に正当化され、どんな扱いが正当化されないかを理解できるだろう。動物を含む道徳的共同体（あるいは、かくかくしかじかの道徳共同体）の有無が私たちの所与となるであろう。しかし私たちは曝されている、いいかえれば、私たちは共に生きていけるものを見つけるように投げ出されている。そしてそれは、よくて苦い味のする妥協のようなものであるかもしれない。ここにはただ、私たちの露わさをどう受けとるかがあるだけなのだ。だから私たちには果てしもなく裏切りと欺瞞を繰り返す余地が残されているのだ。この露わさがクッツェーの講義のなかで鮮明このうえもない瞬間がある。それはエリザベス・コステロが菜食主義者になったのは道徳的信念からかと訊かれてこう答える瞬間である。「そうではありません。自分の魂を救いたいからです」。そして革の靴をはき、革のハンドバッグをもっていると付け加えるのである。[52]

この試論の表題は「現実のむずかしさと哲学のむずかしさ」であるが、この表題にもうひとつ付け加えたい言葉は「露わさ（exposure）」である。テッド・ヒューズの詩は「一度の露光（single exposure）」を主題にしている。しかし「一度の露光－被曝（single exposure）」は私たちの「露わさ（exposure）」である。死と生とがひとつであるというぞっとするような認識をもつとき、私たちはおのずと「露わさ」を見いだす、あるいは見いださざるをえない。この詩の背景にはおそらくウィルフレッド・オーウェンの詩「Exposure（野晒し）」があるのだろう。そのなかで、戦争の無意味さの感覚、意味を喪失する感覚を、文学的に死と結びつけるのは、男たちを寒さに晒し氷のように凝固させてしまう露わさなのである。——私のやっているのは露わさという着想のカヴェルの使い方の表面を引っかいた程度のことである。しかしクッツェーの講義にもまた、その着想に近いものがある。クッツェーの一回目の講義でエリザベス・コステロは彼女自身の死の知識について話す。そのくだりは（ここでのコンテクストでは）私たちをヒューズの詩でいう「矛盾した永遠の恐怖」へと連れていく。「一度にほんの一瞬のあいだなら」と彼女は言う。「私は死体になるというのがどういうことか分かります。そのことが分かると本当に嫌な気持ちになります。恐怖でいっぱいになります。私は尻込みし、受け入れるのを拒否するのです」。彼女はさらにこうも言う。私たちにはみなそういう瞬間がある。そのときに私たちがもつ知識は抽象的ではなく具体的である。「一瞬、私たちはその知識そのものになります。不可能なものを生きる、つまり死を超えて生き、死を振り返り、それも死んだ本人だけができるやり方で振り返るのです」。彼女が言葉を継ぐほどに矛盾が表面化してくる。「私に分かることとは、死体には分かりえないことです。つまり死体は死んでいて、何も分からないし、もはや何か分かることもないということが私には分かるのですから。一瞬、知識全体が恐慌をきたして崩れ去るまえに、私はその矛盾のうちに生き、死んでいると同時に生きているのです[53]」。私たちめいめいがひとつの生ける肉体である、つまり「世界とともに生きている」という自覚をもつならば、そこには、死に対して無防備である、単なる動物であるがゆえに脆く傷つきやすいという身体感覚への露わさが伴う。私たちが動物と共有するのは、この傷つきやすさなのである。この傷つきやすさには私たちをしどろもどろにさせる潜在的な力がある。私たちの傷つきやすさ――この傷つきやすさを動物と共有しているのを認めるならばなおのこと――、とにかくこの傷つきやすさを認めることができるということが私たちを傷つける。しかしそれを他の動物と共有しているのを認めることは、私たちが動物に対して行なっていることを前にするとき、人をしどろもどろにするだけでなく、人を孤立させもするような潜在的可能性をもつ。エリザベス・コステロが孤立させられたように。動物のいのちと死とが私たちから理性を奪いかねない存在としてではなく、あれやこれやの点では適切であるとかないとか論じるための事実として扱われるような道徳的討論になぜ立ちもどるべきではないかを理解することに、何かむずかしさがあるだろうか。

7 哲学のむずかしさ

ここで問われている現実から逸れていない哲学のようなものがありうるだろうか。[54] これこそが、シモーヌ・ヴェーユにとっての大問題である。彼女は書いている。

人間の思考は、不幸の現実を認めることができない。不幸の現実を認めたら、自分にこう言いきかせるはずである。「思うにまかせない周囲の事情から、いついかなるときでも、私自身だと思えるほど親密に私のものになっているこれらあらゆるものまでふくめて、私はすべてを失うかもしれない。私の内部には、失うおそれのないものは何もない。いついかなるときでも、偶然が現在の私というものを破棄して、何か賤しい軽蔑すべきものに取り替えてしまうかもしれない」と。

魂の深みでこれを自覚することは、虚無を経験することである。[55]

彼女が自分の行なっていることのむずかしさを、こうした自覚から離れずにいる、逸れずにいることのむずかしさとして受け止めていたのは、ヴェーユの著述から明らかである。現実のむずかしさから逸れることに関心をもった哲学者、しかしカヴェルとはきわめて異質の哲学者の例として私は彼女の名を挙げる。

『理性の呼び声』を締めくくる最後の二つのパラグラフで、カヴェルは屍を晒すオセローとデズデモーナについて語る。

彫像、石、これほど根本的に目に見える証拠となりやすいものはない。人間ではそうはいかない。いっしょに横たわる二つの死体は、この事実の象徴であり懐疑論の真理である。この男に欠けていたのは確かさではない。彼はすべてを知っていたが、知っていることに屈服することも、それに支配されるがままになることもできなかった。彼は自分の心が耐えられぬほどに多くのことを発見した。少なすぎたのではない。オセローとデズデモーナの違いは――お互いどうし、一方は他方にあらざるすべてであった――人間の孤絶性の象徴となる。これを受け入れ認めることもできるし、あるいは拒否することもできる。[56]

カヴェルが観客の前に戻ってくる。「私たちはこちら側にいる、彼らが《地獄に堕ちた》ことを知りながら」。カヴェルはこう問う。「哲学は詩の力を借りて彼らを取り返すことができるであろうか」と。そしてこう答える。「もちろん、できはしない。哲学が、初めからそうしてきたように、共和国からの詩の追放を要求しつづけるかぎり。たぶん哲学それ自体が文学となるならば、できるかもしれない。しかし哲学は文学となって、なお、おのれ自身を知ることができるであろうか」。

以下に述べることはこの最後の問いに答えるためではなく、そこに近づくためのものである。

文学は哲学を面食らわせるような現実を受け入れることができる——もちろん！　ここではカヴェルがそれを当然のようにみなしているかに見えるかもしれない。このパラグラフにそういう含みがあるとは思わないが、ここでは論じない[57]。そのかわり私は、哲学が詩の力を借りてオセローとデズデモーナを取り返せるかというカヴェルの問いを考えてみたい。哲学が彼らを取り返すということとは、とりもなおさず、人間の孤絶性が「美しさと醜さを混ぜ合わせながら、栄光とも恐怖ともなり、以前とも以後ともなり、生身の人間となる」仕方でもあるとの事実を哲学が受け入れることであろう。哲学が彼らを取り返さないということは、すなわち、私たちが孤絶性へ曝されているとの事実からもたらされる様々な形に哲学が近づくのではなく、そこから逸れてしまうことを意味する。しかしそれが哲学のむずかしさ、以前と以後とになりつづけ、生身の人間となり、私たちという動物の生活となりつづけることのむずかしさという考えを示唆するものであるならば、それは、カヴェルがよそで哲学のむずかしさと呼ぶものとどう関係するのだろうか。

「ウィトゲンシュタインの『哲学探究』の冒頭部にかんする註記」のなかでカヴェルはこう言う。ウィトゲンシュタインが理解しているように、哲学という媒体は「明白なものを示す、あるいはむしろ見させることにある」。そこで彼はこう問う。では、どうして明白なものが明白ではありえないのか。明白なものを見ることのむずかしさとは何であるのか、と。——さらに彼はこう言う。このことが哲学するむずかしさとは何であるかにかかわっていると。[58] この問いは、語を形而上学的な用法から日常的な用法へと連れもどすというウィトゲンシュタインの目論みについての彼の考察においても問われている。では、語を連れもどす、あるいは連れ返すむずかしさとは何であろうか。達成するのがかくもむずかしいものであるとすれば、日常的なものとは何であるのか。私たちの言語ゲームを拒絶したり、そこから距離をおいたりする様々な形式とその異形、他人の秘密性や孤絶性や他者性に悩まされる可能性[59]、すべてこうしたことは日常的なものの内部にある。若者たちが深く十全に生きていることと、そのすぐあとで完全に死んでいることとのあいだには何の矛盾もないとみなすような言語ゲームを拒絶するひとつの形がヒューズの詩の生命(ライフ)にはあるかもしれない。この生命それ自体は、生や死を考えるために私たちが使う語の生活のそとにあるとみなすことはできない。

第1節で「現実のむずかしさ」という言い回しをもちだしたとき、私はこう言った。私の念頭にある事例において、私たちが注意を向けるその現実は私たちがそれを考えるのに抵抗するように見えると。私たちの思考と現実とが合致しそこなうということそれ自体は、一群の形式をもつ懐疑論の中身である。そして、合致しそこなうという考えそのものが混同している、私がその種の懐疑論の中身として述べたことはまったく中身ではないと言うのも懐疑論へのひとつの応答である。言語つまり思考の形式はものごとを正しく捉えたり間違って捉えたりすることができない、現実に合致したり合致しそこなったりすることができない（と言われている）。言語はただ多かれ少なかれ便利なだけであろう。本論のむすびとしたいのは、かならずしもそうした懐疑論への応答ではなく、思考と現実とがばらばらであるという事実はどれくらい生身の人間に属することなのかという点に注意を促すことである。そして、このことそれ自体がヒューズとクッツェーとカヴェルとを結びつける思考だと私は考える。

註

（＊）この論文は、二〇〇二年九月にイースト・アングリア大学におけるシンポジウム「文学言語の解明（Accounting for Literary Language）」で発表され、そして同年十月にニューヨークのニュー・スクールで行なわれた、スタンリー・カヴェルにかんするハンナ・アーレント／ライナー・シュアマン・メモリアル・シンポジウムで発表された。そのさい聴衆からいただいたコメントに深く感謝する。イースト・アングリアの会議では、拙論に対するアナト・マタールの返答には、問題をよく考えるうえで助けられた。アリス・クレーリーとタルボット・ブリューワーからいただいた論評と示唆にも深く感謝する。本稿が最初に公刊されたのは *Partial Answers* (vol. 1, 2003) においてである。そのさいレオナ・トケル〔トーカー〕と彼女の助手の方々からいただいた多くの示唆と注意深い編集上の気遣いに感謝する。

(1) Hughes, Ted. 1957. "Six Young Men." In *The Hawk in the Rain*. London: Farber and Farber, pp. 54–55.〔『世界現代詩文庫3 テド・ヒューズ詩集』片瀬博子訳・編、土曜美術社〕

(2) 一九八〇年代に『ニューヨーカー』誌に発表された彼のエッセイのなかで読んだと思うが、いまは出所を調査できない。

(3) Coetzee, J. M. 1999. *The Lives of Animals*. Ed. Amy Gutmann. Princeton U. P.〔『動物のいのち』森祐希子＋尾関周二訳、大月書店〕

(4) クッツェーの二回の講義は、二〇〇三年刊行の『エリザベス・コステロ』のなかに「レッスン3」と「レッスン4」として収録された。Coetzee, J. M. 2003, *Elizabeth Costello*, New York: Viking.〔『エリザベス・コステロ』鴻巣友季子訳、早川書房。邦訳では「レッスン2」と「レッスン3」は割愛されている〕

(5) 彼女を形容する「取り憑かれている」という言い回しは、このコンテクストでは私にとって二つの特別な典拠をもつ。ひとつは、シルヴィア・プラスについて、そして彼女が自分の詩にホロコーストの比喩を使ったことについてのルート・クリューガーの議論である。私たちユダヤ人に起こったこと——それを用いてプラスはある私的な絶望を表現した。プラスに反対する人々に対し、彼女はプラスを擁護した。(彼女が書いていたのはとりわけアルヴィン・ローゼンフェルトについてだが、彼女の念頭にあったのは、彼と同意見の人々であった。そういう人々はローゼンフェルトが感じたように、プラスがホロコーストを利用する言葉で彼女自身の苦悩を表現したことに「許されない不釣り合い」を感じた。クリューガーの

[Klüger, Ruth, "Discussion Holocaust Literature," *Simon Wiesenthal Center Annual* 2: pp. 179–192]を、とくに[pp. 184–5]を参照。クリューガーはこう言う。「他人」(世界中の人々に対し私たちに起こったことを記憶してほしいと願う私たち以外の人々)が「ユダヤ人に起こったことに取り憑かれ、人間としての同族意識からそれを彼ら自身に起こったこととして、彼らの私的な恐怖や死の幻想の一部として主張する」のはどうしてかと。もうひとつはクッツェーの物語である。そのなかでエリザベス・コステロはカミュに言及する。雌鶏のあげた断末魔の叫びが刻印となって彼の記憶に永く取り憑いた。彼が少年のとき雌鶏を祖母のところへもっていくと、彼女はその雌鶏の首を切り落としたのだ[op.cit., p. 63]。〔前掲『動物のいのち』一〇六〜七頁〕

(6)「心」という語を使うのは少し躊躇を覚える。というのも(動物と私たち自身について議論するコンテクストにあっては)この語は身体の生活との違いを連想させるとみなされるかもしれないので。クッツェーの講義では心に対する様々な思いこみが俎上に載せられている。とくに次のような考えには批判的な立場をとる。すなわちコウモリであるとか、他の動物であるとか、あるいは他の人間であるとかがどのようなことかをかりにでも想像できるとすれば、それがもつ存在の充足を想像するというよりはむしろ、「その心のなかで」起こっていることを想像する必要があるだろうとの考えである[ibid., pp. 33, 51, 65]〔同前五三、八五、一一〇頁〕。だから、肉体をもつことに対するそうした理解の仕方をまじめに受けとり、そこから帰結する意味で「心」という語を使うならば、エリザベス・コステロが取り憑かれた心をもつと述べることは、とりもなおさず、彼女の生活がどのように感じられているかを述べることなのだ。

(7) ibid., p. 91.〔同前一四八頁〕

(8) 私からの批判の意味をこめて「明らかにできていない」と書いた。シンガー[ibid., pp. 87–90]〔同前一四八〜五六頁〕を参照。シンガーの応答は彼が適切とみなす議論の形式をエリザベス・コステロが拒否している点を問題にしていない。それは、私たちが行なっているような動物の扱いを正当化する人々のだから論法に、別のだから論法で応答する議論である。彼女がこの種の論法に論評をくわえるのは、虚構のなかのほかの登場人物のひとりが「動物の生活のなかには意識というものが欠如している」〔ibid., p. 44〕〔同前七三頁〕と言ったあとである。私たちは動物には意識がないというような種類のことを言う。しかし彼女が気にするのは、そのあとに続けて何が言われるかだと彼女は言う。「動物たちには意識がない、だから、のあとです。だからどうなんでしょう?」だから私たちは動物たちを好きなように扱ってもよいと言う人々に対して、彼女は、動物には意識がある、だから私たちは動物を食べてはいけないとか、動物には意識に相当する他の性質がある、だから私たちは動物の権利を認めるべきだとか返答するわけではない。註(16)をも参照。

(9)「はじめに」〔ibid., p. 8〕〔同前一三頁〕を参照。クッツェーがアナロジーを用いて議論していると述べるとき、ガットマンが実際に言及しているのは、クッツェーによるホロコーストの使用についてのマージョリー・ガーバーの議論である。しかし興味深いことにガーバー自身は、クッツェーやほかの人々が使用する様々なアナロジーについて長々と論じてはいるが、問題の事例をある種の議論を提示したものとして言及することはけっしてない。ガーバーの読解に私は賛成できないが、彼女はとにかく、他のすべての評者たちとは違い、文学の専門用語で考察すべき何かが目の前にあり、これが重要であるということを当然のこととみなして議論を始める。

(10)私がこのエッセイで試みているのは、エリザベス・コステロがホロコーストの比喩を用いたという事実に判断を下すことではない。判断を下そうと試みることにはどんなことが必然的に伴うかを吟味することですらない。けれどもこの節の後半で私は、ひとつの現実のむずかしさを凝視しようとすると、どういうわけで、もうひとつのむずかしさを見ることができなくなるのかを論じている。

(11)私はパウル・ツェランの「死のフーガ」のことを考えていた。ネリー・ザックスもこの比喩を使っているのを指摘してくれたルート・クリューガーに感謝する（"Dein Leib im Rauch durch Luft〔空中に漂う煙のなかのあなたの肉体〕"）。〔『動物のいのち』五六頁参照〕

(12)とりわけガットマンの「はじめに」の最初のパラグラフを参照。クッツェーの講義はある重要な倫理的問題すなわち人間による動物の扱い方に焦点を合わせる、と彼女は言う。これと同じことが繰り返し述べられる次のパラグラフをも参照。

(13)クッツェーの講義で展開されているスウィフトについての議論をここで論じることはできない。この議論は様々な理由で重要である。たとえば、スウィフトの旅行記を私たちがふだんそうしている以上に推し進めるならば私たちはどこに辿りつくかという問題に着手している点、そして、そういう読解が推し進められたときに、私たちがどういう存在であるかについて旅行記が語ることに対する「元植民地人（ex-colonial）」の見方を示唆している点である。〔同前九六頁参照〕

(14)ibid., p. 45.〔同前七五頁〕

(15)これはひとつの問題であるが、ここでは手短にしか述べることができない。赤ん坊を殺すことを公利（功利）主義者がどう議論するかを私が学部生に教えていたときのことである。私の学生たちは、ある赤ん坊を殺すことがその赤ん坊に対して間違ったことをしているわけでも、その赤ん坊が自力で欲するとみなされていることに干渉しているわけでもない、なぜなら赤ん坊はまだその種の選択権について理解できていないからであるという主張にとても強く反応した。比較的成長した赤ん坊を殺すことは（この考え方によれば）その赤ん坊の欲することに反しているが、にもかかわらず、それが可能なのはただ、その比較的成長した子どもが生きつづけるとはどういうことかを理解でき、したがって生きつづけたいと思うことができるという条件でのみなのである。——この種の議論に対して、それは赤ん坊の虐待だよ、赤ん坊は生きていたいんだよ、と学生は言う。だれかに殺されそうになっている赤ん坊や動物が必死にもがき苦しむ姿を見れば、赤ん坊や動物が生に執着しているのが分かる。彼らが公利（功利）主義的な議論を拒否することは、公利（功利）主義者が問題を際立たせようと目論むような論証的言説——自分自身の身体レベルにおける生への闘争とはどんなものかという想像的な感覚やら、動物の生への闘争に対する想像的な感覚やらに、与えられていてほしいと思う役割が与えられていないような言説——を拒否することと関係がある。彼らはまるで「生きつづけたい」の意味のある種の空洞化を感じているかのようだ。

(16)じっさいガットマンは講義について私が挙げた特徴のいくつかを認めている。しかし彼女は〔哲学的〕議論へのコステロの応答から見て、コステロが少なくとも限定的な仕方で結局はすすんで議論に加わっているのは明らかだとみなすのである。コステロは自分の見方に対立する哲学的議論の弱点を証明するときに哲学を用いているとガットマンは言う。しかし物語の一部である議論の断片に対するガットマンの扱い方は、ある倫理的問題に対する立場を提示するひとつの仕方として物語を解釈する彼女の根本的な姿勢によって決定づけられている。クッツェーの講義のなかの議論に対する私の解釈は違う方向に進んでいくだろう。そして、いくつかの特定の事例について、とりわけだから論法（動物はあれこれの特徴をもつ、だから私たちが行なっているように、あれやこれやの仕方で動物を扱うことが許されると推論する論法）を拒否するエリザベス・コステロに焦点を合わせるだろう。さきに私は、だから論法とは著しく異なった議論に対するシンガーの応答について言及した。ラッシュ・リースの応答は〔シンガーのとは〕著しく異なった応答であり、エリザベス・コステロのそれといくつかの類似点をもつ(*Moral Questions*, Basingstoke: Macmillan, 1999, pp. 189–96)。リースの応答は「人間と動物――ある混乱したキリスト教的概念("Humans and Animals: A Confused Christian Conception")」のなかに読むことができる。これはエッセイではなく、二つのまとまった予備的覚書とある友人へ宛てた手紙から構成される。だから論法を未審査のまま使用することが覚書と手紙の主題であり、そこでは人間の生活がより大きな重要性をもつと想像されるというのが結論である。じっさい最初のまとまった覚書の出発点は「だから」に対する批判であり、この手の論法は「人間に対するような敬意や配慮をもたずに動物を扱うことを正当化する理性の錯覚」を反映したものと特徴づけられる。とすれば彼が錯覚とみなすものへの彼自身の対応をどう考えるかが、この非公式の覚書におけるリースの問題なのである。

〔17〕原文は「making a mountain out of a molehill」である。「山をつくっている」からの連想によって、「けれども、心よ、心のなかには山がある」以下はホプキンスの詩からの間接引用になっている。この場面は、物語「動物のいのち」の終景である。二回の講義で疲れ果て錯乱したコステロに、息子のジョンが「さあ、さあ、もうすぐ終わりになりますよ」と慰めの言葉をかける。その引用符のそとにダイアモンドは「?」を打ちこんで、ふたたびホプキンスの詩から間接引用を始めている。コステロとホプキンス。ホプキンスの絶望と希望についてはピーター・ミルワード著『素朴と無垢の精神史』(中山理訳、講談社現代新書)を参照。『ホプキンス詩集』(安田章一郎+緒方登摩訳、春秋社、二〇九頁)、またこの詩の解釈の一部としてはA・ケニー著『トマス・アクィナスの心の哲学』(川添信介訳、勁草書房、二七頁)を参照。

(18)Cavell, Stanley, "Knowing and Acknowledging," p. 247. In *Must We Mean What We Say?* New York: Scribner's, 1969, pp. 238–66.

(19) ibid., p. 260.

(20) [op. cit., p. 51]〔前掲書八五頁〕を参照。私はここでは、エリザベス・コステロの見解が根本的にクッツェーのそれであるとみなしている。

(21) ここに講義の眼目がある。[ibid., p. 65]〔同前一一一頁〕および [ibid. m, p. 32]〔同前五一頁〕を参照。クッツェー思想のこの問題領域は第６節でふたたび論じる。

(22) Milosz, Czeslaw, "One More Day". In *The Collected Poems*, New York: Ecco, pp. 108–109, 1988.

(23) Klüger, Ruth, *Still Alive: A Holocaust Girlhood Remembered*, New York: The Feminist Press at the City University of New York, 2001.〔『生きつづける――ホロコーストの記憶を問う』鈴木仁子訳、みすず書房〕

(24) ibid., p.103–109.

(25) ibid., p. 108–109.

(26) Holland, R. F., "The Miraculous," *American Philosophical Quarterly* 2, pp. 43–51, 1965.

(27) Byatt, A. S., "Introduction," in *The Oxford Book of English Short Stories*, Oxford U.P., pp. xv–xxx, 1989.

(28) Mann, Mary, "Little Brother," ibid., pp. 93–96.

(29) Woolf, Leonard, "Pearls and Swine", in *Stories of the East*, Richmond: Hogarth Press, pp. 21–44, 1921.

(30) Cavell, Stanley, *The Claim of Reason: Wittgenstein, Skepticism, Morality, and Tragedy*, Oxford: Clarendon Press, pp. 481–496, 1979.

(31) ibid., p. 481.

(32) ibid., pp. 481–482.

(33) ibid., p. 492.

(34) ibid., p.493.

(35) カヴェルは人間の孤絶性が「美しさと醜さとを混ぜ合わせながら、栄光となり恐怖ともなり、以前とも以後ともなり、生身の人間となる」[ibid., p. 492]と言う。この点、ご覧のとおり栄光よりも恐怖に重点をおいた私の議論は不完全である。しかし[ibid., pp. 494–496]をも参照。

(36)『理性の呼び声』の「まえがき(Foreword)」(1979: p. xix)。カヴェルの言うことはここで引用した文言には収まらない複雑な含みをもつ。カヴェルはみずからの進行中の作品の結論が「おのれ自身を引っぱっていく」その方向を(一九七三年と一九七四年に)知っていたと言う、そして、その結論が「知ることと認めること」と「愛の忌避」とのあいだの関連にも、「承認と忌避とのあいだの観念の往復運動にも、たとえば他人の心にかんする懐疑は懐疑ではなく悲劇であるという考えにも」かかわっていたとも言う[pp. xviii–xix]。

(37) Cavell, Stanley, "Knowing and Acknowledging," in *Must We Mean What We Say?* New York: Scribner's, 1969.

(38) Cook, John, "Wittgenstein on Privacy", *The Philosophical Review* 74, pp. 281–314, 1965.

(39) Cavell, Stanley, "Knowing and Acknowledging," op.cit., pp. 263.

(40)「知ることと認めること」[ibid., pp. 259–60]。「修正の声」という言い回しはカヴェルの「ウィトゲンシュタインの後期哲学への近づき方」["The Availability of Wittgenstein's Later Philosophy", ibid., p. 71]から。

(41) "Knowing and Acknowledging", ibid., pp. 258–260.

(42) "Declining Decline", p. 37, in *This New Yet Unapproachable America: Lectures After Emerson after Wittgenstein*, Albuquerque: Living Batch Press, 1989.〔部分訳「没落に抵抗すること」齋藤直子訳、『現代思想』一九九八年一月号、青土社〕

(43)Cavell, Stanley, *The Claim of Reason*, op.cit., p. 493.

(44)Coetzee, J. M., *The Lives of Animals*, op.cit., p. 59–65.

(45)*Against Liberation* の第5章がそっくりそれに当てられているが、とりわけ〔p.126〕は、リーヒーの方法と狙いをはっきりさせるのに役立つ。〔Leahy, Michael P.T., *Against Liberation: Putting Animals in Perspective*, London and New York, Routledge, 1991〕

(46)ibid., pp. 138–139.

(47)ibid., p. 198.

(48)議論の前半、つまり私たちが動物の思考や感情や意図について語るときの言語ゲームと私たち自身のそれについて語るときの言語ゲームとのあいだの違いを確立しようとする試みにかんしても様々な問題がある。そのうちのひとつは、彼の記述する二つの言語ゲームだけが存在するという考えにかかわるだろう。この問題が先鋭化してくるのはヴィッキー・ハーンの著作がかかわってくるときである。というのもリーヒーは様々な点で彼女の著作を吟味し批判しているからである。動物について語ることに必然的に伴うものを彼女がどう理解しているかについては、こういうふうに言うこともできる。すなわち、動物をその「仕事」（彼女がこの語に与える意味において）とのかかわりで語ることそれ自体がひとつの独得な言語ゲームであると。この言語ゲームは訓練士（トレーナー）の活動と切り離せないと彼女は考える。つまり、その活動自体がその種の〔この言語ゲームのなかで遂行される〕話しかけとともに（through）続行され、そしてその話しかけはそれが「共有された仕事」のなかで達成するものを介して（through）その意味を獲得する。（リーヒーの批判の対象である）ハーンの〔Hearne, Vicki, *Adam's Task: Calling Animals by Name*, New York, Knopf, 1986〕〔『人が動物たちと話すには？』川勝彰子＋山下利枝子＋小泉美樹訳、晶文社〕だけでなく、彼女の試論［"A Taxonomy of Knowing: Animals Captive, Free-Ranging, and at Liberty", in *Social Research* 62, pp. 441–56, 1995］をも参照。

(49)まず、リーヒーの議論で使われる規準概念がカヴェルの意味での規準に依拠していると示唆したいとは思わない。しかし、それ以上に重要なことであるが、二つの事例における問題の知識概念は著しく違っている。エリザベス・コステロが動物のもつ生への執着を論じるときに依拠するような種類の知識は、オセローが求めて止まない知識と対比することができる。『オセロー』における理解の諸形態と知識について、およびオセローの証明願望については、ナオミ・シーマンの「オセローの疑惑／デズデモーナの死――懐疑論の発生」(『理性の追求』に収録）を参照。シーマンの試論自体は、私がここまで論じてきた問題とジェンダーにかんする問題とのあいだの関係を明らかにするのにも役立つ。この二つの問題はクッツェーの講義のなかにあり、またいっそう一般的な問題である。［Scheman, Naomi, "Othello's Doubt/Desdemona's Death: The Engendering of Skepticism", in Ted Cohen, Paul Guyer and Hilary Putnum, eds., *Pursuits of Reason: Essays in Honor of Stanley Cavell*, Lubbock, Texas Tech U.P., pp. 161–176, 1993］

(50)Cavell, Stanley, *The Claim of Reason*, op.cit., p. 433.

(51)ibid., pp. 439, 454.

(52)ここであらかじめ誤解を防ぐためにこう注意を促しておきたい。道徳的思考における、いやそれどころか論証における「だから」にはきわめて重要で大きな役割があることを私は認めている（この節でもよそでも）。私はこう言いたい。「しるしや特徴」に注意することによって道徳的共同体を確立したり、あるいはそれが存在しないことを示したりするような試みを、私たちはいくらか深刻な困惑の念をもって見るべきであると。

(53) Coetzee, J. M., *The Lives of Animals*, op.cit., p. 32.〔邦訳五一～二頁〕

(54) アリス・クレーリーからは次のような指摘をいただいた。哲学的議論がどのようにして私たちの注意を現実のむずかしさから逸れるように仕向けるか――それに対する私の記述（拙論の前半部分）は、逸れることなき哲学的実践がありうるのかという私の問いへ暗黙裡に「否」と答えているように見えるかもしれないと。私は、そうした実践がありうること、そうした実践においては議論が本質的な役割を果たすことを否定したいわけではない。明瞭に区別できる論点を二つ挙げる。まずは、哲学的な議論をすることそれ自体が、とりもなおさず、注意が現実のむずかしさから逸らされてしまうことでも、あるいは逸らされつつあることでもないという点である。さらには（もっと積極的に）、哲学的議論がもつ、いやそれどころか哲学以外の議論がもつ限界や制限とは何かを明らかにするだけでなく、現実のむずかしさに注意を向けたり、むずかしさの性格を探究したりするときに、哲学的な議論は重要な役割を果たすという点である。たとえば、人間の胎芽（embryo）は一個の人間であるとの議論についてのカヴェルの議論を参照のこと［Cavell, Stanley, *The Claim of Reason*, op.cit., pp. 372–378］。

(55) Weil, Simone, "Human Personality", p. 70, in Sian Miles, ed., *Simone Weil: An Anthology*, New York, Weidenfeld and Nicholson, pp. 50–78, 1986.〔『シモーヌ・ヴェーユ著作集2』中田光雄訳、春秋社〕

(56) Cavell, Stanley, *The Claim of Reason*, op.cit., p. 496.

(57)「現実のむずかしさ」に直面した文学の種々のむずかしさについては、シモーヌ・ヴェーユが不幸の表現にかんする考察のなかで強調している。彼女の論考「人格」を参照のこと［"Human Personality", op. cit., p. 72］。

(58) "Notes and Afterthoughts on the Opening of Wittgenstein's *Investigations*",pp. 271–272, in Hans Sluga and David G.

Stern, eds., *The Cambridge Companion to Wittgenstein*, Cambridge U.P., pp. 261–295, 1996.

(59) Cavell, Stanley, "Declining Decline", op. cit., passim.

TWO
COMPANIONABLE THINKING
Stanley Cavell

第2章
伴侶的思考
スタンリー・カヴェル

『哲学探究』の第二部の大半を占める考察すなわち「何かを何かとして見る」という概念についてのウィトゲンシュタインの考察にかんする私の初期の考えのいくつかを推し進めた論稿を書こうと思案しているときに、私はコーラ・ダイアモンドの論文「現実のむずかしさと哲学のむずかしさ」を読み直した（私が最初にこの論文に出会ったのは、彼女がそれを講演したときだった）。彼女は私が久しくその著述に対し深い感謝の念を覚えている哲学者であるが、この論文はある点において、私の考えをまぎれもなく有益かつ心強い仕方で発展させていた。やがて私は、彼女の論文を再読して受けた印象がとても強かったので、彼女の論文に明確な応答をせざるをえない——その結果、私の哲学的立場がどんなに不確かなものかを思い知ることになろうとも——と感じるようになった。ダイアモンドの論文は、彼女が現実のむずかしさと呼ぶもの（転換のむずかしさと呼んでもいいが、いずれにせよ哲学はこのむずかしさをみずからに組み込まねばならない）の現象に関連して、いくつかの極端な葛藤の事例を取りあげる。この事例は、私たち人間の応答する能力――彼女が論じているのは事実上私たち人間の本性の基盤あるいは限界である――が試練を受ける、そして知性や想像力が麻痺し打ちのめされかねない事例であるとみる人もいれば、同時に一方で、驚いて眉を上げるまでもないような、あるいは眉を上げるくらいするかもしれないが、それでおしまいというような事例であると見る人もいる。（崇高美に唖然とする場合もあれば、恐怖に言葉を失う場合もある。）ダイアモンドの論文で扱われる主要な問題は、私たちとヒト以外の動物の世界とが絡みあっているという事実あるいは事実の理解の仕方である。また、人間の食料として大量調整される動物たちと私たちがもつもろもろの関係についてはとくに詳しく論じられている。この問題が含意するものに対し私はこれまで一貫した思索を傾けてはこなかった――いまでは、むしろその問題を避けてきたのだと感じる。

同時にこう言おう。動物との関係は、私が永年にわたって書いてきたもののなかに、たとえ間歇的にではあっても様々な形で現れているが、にもかかわらず私は動物の権利の理論に詳しいわけでも、日常生活において菜食主義を実行しているわけでもない。しかし、ある観念が人間の本性の限界を試練にかけたり脅かしたりすると言われるのを聞くと、私は、何かを何かとして見ることに対するウィトゲンシュタインの研究についての私の初期の考察のなかで提起した問題を思い出す。私は、他人をもしくは私たち自身を人間として（何に対立するものとして？）見ることについて論じるのは意味があるのかどうかという問題を提起したのだ。もしそれに意味があるとすれば、私たち自身や他人をそのように見ることができないと想定すること――この想定は仮定上の条件であり、私はそれを魂－盲（soul-blindness）と呼ぶようになった――にも意味がある。これから述べる考察の背景には、魂－盲に匹敵するような、ヒト以外の動物にかんする盲（動物－盲）が存在するかどうかという問題がある。

　食料用に動物を大量生産する事実を知性に課せられた人道上の難題として熟考してほしいというダイアモンドの願意は、何かを何かとして見ることについてのウィトゲンシュタインの研究との結びつきをもつが、それは彼女がこう示唆するとき明瞭となる。文明化された生活が抱えるこうした事実に対して人間が見せる応答の著しい相違は、私たちがどんな情報をどう入手したかの違いとは何の関係もない。いやしくもほかの人が知りえない、あるいは見ることのできないものは、本質的にはだれもそれを知りえず、あるいは文字どおりそれを見ることができない。しかしそこから、ここで問われている応答の相違が共有された情報に対する応答あるいは態度と相関関係にあると結論するならば、人はこう想定するかもしれない。すなわち問題はよく見かける道徳上の不一致のようなものであると。ダイアモンドの考察はとくにこの想定に疑問を投げかける。食料の大量生産のために動物を飼育するという事例の特異な点のひとつは、それに対する応答が極端に違う（恐怖から無関心まで）という点にあるというよりはむしろ、死刑、戦争の正当性、囚人の拷問、安楽死、中絶などにかんするむずかしさとは違って、この問題が、社会を構成する大半の人々が毎日、おそらく目に見えない形で、みずから直接選択している事柄にかかわるという点にある。さらにいえば、食料のために動物を大量に殺すことに無関心なあるいは寛容な人々は、この制度の目的が、人間の生活における最大の快楽（食べ物を分けあうという平凡な快楽から極上の珍味を味わうという稀有な快楽まで）の手段を向上させる点にあるとみなすであろう。分別のある人ならばだれも死刑執行や中絶や拷問が人間の快楽を増進させるとは考えないと言っていいだろう。（この種の行為に快楽が伴うことをニーチェは例外的に洞察していたかもしれない。またヒムラーが自分の配下にある取り巻きどもに民族根絶の偉業は冷静沈着かつ実直律儀に遂行されねばならないと訓告するとき、彼はこのニーチェの見方を共有していたかもしれない。）ダイアモンドの議論は恐怖を感じる個々の人と社会の大半を占める無関心な人々とのあいだの態度の違いを強調する。人々が見せるこの応答の相違は、世界観の相違、この習慣をどう受け止めるか、あるいは受け止めないか、どう見るか、あるいは見ないか、どう心に刻むか、あるいは刻まないかの相違から来るように思われるが、彼女はその岐路の瞬間を注視する。

「相貌（アスペクト）を見る」にかんするウィトゲンシュタインの考察は（ある状況に対する両立不可能な見方

や解釈の仕方があることを示すために、彼は「あひる－うさぎ」のゲシュタルト像をとても印象的な仕方で使う)、トマス・クーンが知性の歴史とくに科学の歴史におけるある種の危機を理解するために「ゲシュタルト転換」という考えを用いたとき、もっと一般的に知られるようになった。しかしウィトゲンシュタインはこの現象の考察を練り上げながらこう強調している。「ここには膨大な数の互いに関連する現象と可能な概念と[1]」が作用している。そのなかには、「単に知る[2]」という概念があり、「感情をこめて一篇の詩あるいは物語を読むか、あるいは単に情報を求めて言葉を流し読みするか[3]」という概念があり、さらには「類似に驚くのか、あるいは類似に盲目であるのか」や、「画像が的確な表情をうかべながら読むことに役立つ[4]」という概念がある。ダイアモンドは、私が極端な知識 (inordinate knowledge) と呼ぶものについての問題を提起していると見ていいかもしれない。この知識は、人の目にはときに突拍子もなく度を越した表出に見えることもあろう。これと対照的なのは、単なる知識つまり合理的に処理され蓄積されてきた何の変哲もない知識である。たとえば、ある種の人々にとっては、動物を食べるという考えが特別な関心を何ひとつ呼び起こさない (これはこれでおそらく疑問の余地のある――ここでは欠陥のある――表出であるだろう)。私の念頭にあるのは、「談話療法」によって本来の自己を獲得する過程を詳しく述べるときのフロイトの言葉「表に現れた知識と秘められた知識」である。別の文脈ではパウロの言葉も念頭にうかぶ。コリント人への第一の手紙で「私の知るところは、いまは一部分にすぎない」〔13・12〕と言うとき、彼の心中にあったのは条件の変わりやすさなのである。

私はまた、日常的なものに訴えながら哲学をした後期のウィトゲンシュタインやJ・L・オースティンを理解しようとした私の努力を思い出し、彼らが対峙した傾向すなわち人間の生存がもつ日常的なものを系統的な仕方で超越しようとする、あるいは撃退しようとする傾向、少なくともプラトンの洞窟以来の西洋哲学がもつ傾向を思い出す。世界中に広まった食品工場の可否に対する正反対の見解は、人間の生活がもつ日常的なものがあるひとつの所与いわば場所であるとの思いこみを戒める恐ろしくも警鐘的な例なのである。私はむしろ、自己なるものがそうであるように、日常的なものとはひとつの任務（タスク）であると言いたい。私はこの任務について、いわゆる日常的なもの（ordinary）のなかに異常なものを発見し、いわゆる異常なもの（extraordinary）のなかに日常的なものを発見する任務として論じる場合もあれば、取るに足らぬもの（insignificant）のなかに重要なものを洞察し、重要なもの（significant）のなかに取るに足らぬものを洞察する任務として論じる場合もある。ここに述べたことは、私がこれまで繰り返し哲学の任務として見いだしてきたものを要約している。さらにいえば、ひとつの見慣れたものが、それと対照的な別の見慣れたものに取って代わるという感覚は、私が以前に書いた論文の題名であるが、「日常的なものの不気味さ」と呼ぶことができる。

相貌を見るという概念が極端な表現あるいは平凡な表現にどの程度かかわるのかについて、ここで何らかの結論を出すつもりはない。その種の示唆が、結論を棚上げしたまま、このあとで二度ほどなされる。その眼目は、ヒト以外の動物を食べたり、また疑問の余地のある仕方で用いたりすること——それを通常のこととみなすか、非常なこととみなすか、いかなるときにそうみなすか——に対する正反対の応答を納得のいく仕方で説明する必要に迫られる瞬間を明確にすることにある。そうした説明を欠くということは、私たちが自分自身に対する無知をさらけ出すようなものであるから。

私がこれから取り組むのはダイアモンドの論文であるが、彼女の考察は主として、「動物のいのち」との題名をもつJ・M・クッツェーによる一対の物語のなかで描かれた講義の様々な場面にかんする論評という形をとる。この講義は、彼の小説『エリザベス・コステロ』を構成する七つの章のうちの二つの章として同じタイトルのまま収録された。またこの講義は『動物のいのち』という書名で別個に出版された本にも収録されている。こちらの本には様々な学問分野の五人の評者からの応答も収録された。ダイアモンドが考察するのは後者の本である。人間とヒト以外の動物の世界との関係の現状について、あるいは現状の認識について、彼女もほかの五人の応答者も同じく遺憾の念を表明しているにもかかわらず、彼女は自分が、ある決定的に重要な帰結をもたらす観点から、ほかの応答者のどれとも違う隔絶した立場に身を持していることを強調する。他と隔絶したダイアモンドの違いについてはあとで立ちもどろう。クッツェーやダイアモンドの文章のもつ微妙な含みに言及するときは、原文から十分な長さの引用をして正確な判断を下すように心掛ける。

クッツェーが書いた一対の物語のうちの最初の物語が描くのは、エリザベス・コステロという名の虚構のオーストラリア人作家がアメリカの大学で行なった講義である。彼女の講義は、彼女を表彰するために催された二日ないし三日間の祝賀会の一部として描かれている。講義の初めからコステロは、不快な印象を与えるのも承知のうえで、彼女が食品工場と呼ぶもののなかで動物がどう扱われているかに対する自分の認識あるいは考え方を述べずにすますことはできないと言う。「率直にいわせてください。私たちは堕落と残酷と殺戮の企てに囲まれていて、それは第三帝国がやりかねなかったあらゆる企てに匹敵するものです。じっさい私たちの企ては、終わりがないという点で、第三帝国も顔色なしといったものなのです[5]」。

ダイアモンドが応答する物語の二つめの初めのほうに、クッツェーは一通の手紙を挿入する。大学の教師であるエリザベス・コステロの息子によれば、手紙の差出人は詩人で、大学に在職してても永いらしい。その詩人の手紙の大半を引用するが、いくつかの箇所についてはいずれ立ちもどって論じたいと思う。

コステロ様
昨夜のディナーに欠席いたしましたことをお許しください。御著書を拝読したことがあり、あなたがまじめな人だということは承知しております。そこで、あなたに敬意を表すために、私はあなたが講義で言ったことをまじめに受け止めます。

講義の核心には、食事を共にするという問題があったかと思います。アウシュヴィッツの死刑執行人たちと食事を共にするのを拒むのであれば、動物を屠殺する人たちと食事を共にしつづけられるのかという問題です。あなたはご自分の目的のために、ヨーロッパで殺されたユダヤ人と屠殺された動物とのあいだのよく知られた比較を借用していました。（……中略……）あなたは類似性というものを誤解しています。ほとんど冒瀆といっていいほどに。人間は神に似せて創られましたが、だからといって神が人間と似ているわけではありません。ユダヤ人が家畜のように扱われたとしても、家畜がユダヤ人のように扱われているということにはならないのです。単に語を置き換えることは、死者の霊に対する侮辱です。それはまた収容所の恐怖に安っぽいやり方でつけ込むものです。

率直過ぎたらお許しください。上品な言い方をしている暇などない歳（とし）だとおっしゃっていましたが、私も歳をとっておりますので。

敬具

エイブラハム・スターン[6]

コステロとの折り合いの悪い彼女の義理の娘はこの手紙を「抗議」と呼ぶ。また、この手紙は、まるで先手を打つかのように、読者がコステロの演説に対して浴びせたいと思う多くの非難を集約しているかに見える。しかし、コステロの感受性を徹底的に斥ける（コステロがその感受性をもつにいたった原因など気にもかけずに）義理の娘の観点に立つならば、とくに明らかなのは、この手紙を「抗議」と呼ぶだけでは手紙のもつ苦悩が十分に伝わらないという点である。とりわけ、昨夜のディナーに欠席したことを釈明するために、スターンが訴える特殊な了解事項の考察をこの手紙は避けている。ディナーへの招待という文脈で食事を共にするという問題をあえて提起することから書き起こしているにもかかわらず、スターンは、自分の苦悩の論理——何から何が帰結するかという問題——に注意を促す点でいくつか見落としをしており、さらに、スターンはなぜ昨夜ミセス・コステロと食事を共にすることを拒んだのかを言い忘れている。それは、彼女の言葉がほとんど冒瀆であり、神の業を汚すものだからだろうか。（ホロコーストについてのある種の思考にとって、そもそもホロコーストが表象〔表現・再現・抗議〕されるべきかどうかが問題なのだ。）あるいは、彼女が死者の霊を侮辱したからだろうか。彼女が安っぽく恐怖を引きあいに出したからだろうか。奇妙にも、あるいは皮肉にも、コステロからすれば、こうしたことは彼女独特の恐怖感、あるいは彼女がときに使う表現でいえば、方向喪失（disorientation）の原因であるとみなしうる。しかしスターンはこんなふうに食事を共にするという考えをもちだしてくるわけではない。彼は私たちがアウシュヴィッツの死刑執行人と食事を共にするのを拒む（ことは正しい）という考えを容認している（と私は見る）。その黒い食事はいわば、霊的交わりつまり聖体拝領としてパンとワインを摂取すること——もちろんいうまでもないが、象徴的な意味で——を冒瀆するものであろう。

スターンがアウシュヴィッツの死刑執行人との交わりを拒むことは、いわば、彼がコステロのやり口とみなす三段論法における一種の大前提をなしている。とすれば小前提は、道徳的な意味であるいは精神的な意味では動物の屠殺者がアウシュヴィッツの死刑執行人と同類である、という彼女の考えである。ここから、私たちは屠殺を続ける者たちと食事を共にするのを拒む（ことが正しい）という結論が出てくる。しかし次のように解釈することはできるのだろうか。すなわちスターンは、〔家畜とユダヤ人との〕同化（assimilation）に訴えて論証を行なったコステロの不愉快な過ちが、食事を共にするという範囲を越えて、アウシュヴィッツの死刑執行人たちと彼女とを同化する（まさに死刑執行人たちのやり口を彷彿とさせるような、接触を避けるやり口を彼女に甘受させる）ことを正当化するとみなしている、と。こういう応答を見ると、スターンが動物の屠殺者に対するコステロの見方を大げさだ（inordinate）とみなしているのとまったく同じように、彼女の過ちに対するスターンの見方が大げさなように思われるだろう。そして／あるいは、この応答は、スターンが手紙の冒頭で約束したことをした結果、つまりエリザベス・コステロが講義で言ったことをまじめに受け止めた結果と考えるべきなのだろうか。

「表現をまじめに受け止める」とか、「この企てを実現するむずかしさの感覚」とかの言い回しは、ある意味で、ダイアモンドが「哲学のむずかしさ」と呼ぶものを特徴づけるかもしれない。彼女はそれを「現実のむずかしさ」に住まう、あるいは住まわれるむずかしさと理解する。この二重化された生存のむずかしさを、ときおり私が自己を表現するさいの慢性的なむずかしさとして論じてきたものと関連づけてみよう。私の念頭にあるのは、とりわけ、意味への、あるいは言語への、あるいは人間の表現への困難や失望に見舞われるときに発現するむずかしさである。ここでいう失望は、ウィトゲンシュタインの『哲学探究』に対する私の解釈にとって根本的に重要な論点である。

一九七八年の論考「肉を食べることと人を食べること」のなかでコーラ・ダイアモンドはみずからをベジタリアンと称し、「動物を食べない理由があることをだれかに示すためにはどうすればよいか[7]」という問題を論じるときの動機を明確にする。彼女が攻撃の対象とするのは、「ヒト以外の世界に向きあうとき、ほとんどの場合に私たちが見せる恐ろしくも揺ぎない冷淡さと無情さ[8]」を露わにする哲学者たちの論証である（彼らの認識そのものは攻撃の対象にならない）。よく知られているように動物の権利という観点からなされるその議論は、彼女の見るところ、あまりに弱いというだけではない。このレベルで議論しようというその動機それ自体が道徳的に見て疑わしい。私自身が以前そう感じたことがある。道徳的真理なるものがあって、道徳理論には、それが確実であるための証拠を示す責務があるというふうなことへの疑問を私が表明したときのことである。私の疑問への返答として、哲学者たちは一度ならずこう主張した。「子供を虐待するのは間違っている」のはある種の真理であって、道徳理論はそれを論証する責任があると。少なくともひとりの哲学者はこう付言した。ヒトラーを説得するだけの十分に強力な論証でなければならないと。拙著『理性の呼び声』のなかで私は、こうした一連の考えに対し、道徳とは怪物の振る舞いを検査するためにあるわけではないと応じた。

他人が怪物性をさらけ出しているかどうかを見分けるというのは危なっかしい行ないである。私はこれまで他人をそういうふうに判断したことはない。それはたぶん、繰り返しこう言い聞かされてきたからだろう。すなわち、その種の判断のもつ危なっかしさは、他人がその判断を私に振り向け、私を怪物であると決めつけるかもしれないという点にあると。こうも言わねばならない。私が怪物であるとの判断に抗して私が行なう弁明は自分の怪物性と闘うための根拠を発見するような弁明になるにちがいないと考えたところで、危なっかしさがなくなるものではない。それでもまだ危険を冒してでも追求する価値があると思われるのは、私が私自身のなかに怪物性を発見するかもしれないという事実であり、それを発見する方法である。「私はこれまでずっと私ほど悪い人間を知らなかった」と言明するとき、ソローには何が見えているのか。

私はベジタリアンにならなかったが、菜食主義を擁護する論証に貧弱さを感じたからではないと思う。その種の生活様式を選択すべきだという明らかな予兆は、私がソローの重層的（multipul）な知性に魅せられていることに気づくときにこそ、生じてくることが多かったと思う。私に強い印象を与えたソローの言葉を覚えている。彼は少年が狩りや釣りを覚えることに反対しない。ソローの真意を私はこう理解した。すなわち、無邪気な年齢――エマソンが少年の「中立性」と呼ぶ時期――の若者は自分自身のなかで、自分が自然の野生と同等でありその一部であるのを感じるべきであり、彼ら自身のもついわば動物的生気を感受し味わうべきであり恐れ疑うべきではないと。そのうえで彼はこんな日のことにも言及する。ソローの報告によれば、その日、釣りをしながら、彼はいくぶん自尊心がへこまされるのを感じたという。そのころからずっと、考察を深めるソローに後押しされながら、私はときどき、それと似た感情に出会えるような気がしてきたのである。（少年のとき私には、狩りや釣りの仕方を教えてくれるような人はいなかったけれど。）

ダイアモンドは以前の論文においてウォルター・デ・ラ・メアの詩を引き、そこから一行だけを切り出して――「楽しい仲間ができたなら」（ここでいう仲間とは「軽快に動き回るシジュウカラ」のこと）――、こう述べている。すなわちこの詩が提示するのは（クッツェーの物語を論じる五人の評者が共有する考えとは対照的な）「［ヒト以外の動物についての］異なる観念、つまり、いのちある生き物という観念、あるいは生物学的な概念ではないような同じ仲間の生き物という観念」[9]であると。異なる観念というときに彼女が言いたいのは、私たち人間の利益や能力と共通する、あるいは相反するあれやこれやの利益や能力をもつ動物という概念ではなく、「仲間として捜し求められているような（……中略……）存在を意味する［強調はダイアモンド］」概念である。ダイアモンドの考えによると、動物の生物学的な能力を議論するときではなく、伴侶的な経験、すなわち世界のなかで私たちが孤独ではないことを私たちに証明してくれるような経験をするときにのみ、動物を消費することが常軌を逸したものになる。

私がこれまで永年にわたって書き記してきた動物とのふとした出会い（現実のものもあれば、想像上のものもある）をふくむ様々な文章が私の脳裡にうかぶ。いま思い出すのは、野原を跳ねるように駆けていくリスを観察するエマソンである（あるいはソローだったかもしれない）。彼は思わずこう書きとめてしまう。リスというものは人の目に留まるようにできていると。そこで私も、ふたりの息子がまだ子供のときに起こったことを書き記しておこうと思う。私たちは、初冬の数週間、ほとんど毎日、わが家の裏庭に面したキッチンの窓のむこうでこんな光景が展開するのを眺めていた。私たちは庭のフェンスの一角から対角線上に細いロープを張り、ロープの中央から鳥の餌箱を吊した。鳥が餌箱の種にありつけるように、近隣にいる二匹か三匹のごく普通のリスを遠ざけておくためだ。最初のうちリスたちは巧みにロープを伝っていこうとしたが、どうしても（ロープが細かったためか、たるんでいたせいか）餌箱まで達することができなかった。その翌日、一匹のリスがロープという難所をどうにか乗り越え、とうとう餌箱に達してしまった。そのリスが餌箱をひっくり返すと種が地面に落ちる。こうして一日分の食事が仲間のリスに供されることになる。結局はそのリスにも。それからは毎朝その天才リスがいつもこの小さな集団のためにこの任務を遂行していることにすぐにも気づき私は驚いた。私たち家族が鳥の利益を守るために新たな方法を工夫するまで、私は内心、毎朝この名人芸と打算なき社交性に出会い挨拶するのを楽しみにしていた。この篤志家が仲間に分け与え、みずからも食べるのは私の種でもあるのだから、私がコーヒーとロールパンで朝食をとりながら彼を観察しているとき、一方的なものではあっても、私は彼と食事を共にしていた（breaking bread）と言えば、その状況に対する私の感覚を表現することになる。

それからどうなっただろう。この感覚と、仲間を食べるという考えとは完全に矛盾する。私はそれを認める。しかし私はリスにかんして、そんな考えをもったことはまったくない。ウサギや馬やカタツムリにかんしては、私は以前に人から勧められ、いわば見聞を広めるために、それぞれ一度だけ試しに食べたことがある。それを繰り返し食べつづけることを考えるとぞっとしたが、それでも他の肉食の習慣をやめるにはいたらなかった。

私の一貫性のなさについて、ここで厳格な結論を出そうとは思わない。動物を食用にすることにかんしては極端な（inordinate）知識をもち、その一方、比較的寛容にも、いずれにせよ自分から進んで革の靴をはき、革のハンドバッグをもつのだというコステロの悲しげな告白には、ダイアモンドと同じように私も強い印象を受ける。（そう告白することによって彼女は、精神の純潔さといった理解に苦しむ言葉で形容されるのを避けているのだと私には思われる。）ダイアモンドの議論は、この逃げることのできない「苦い妥協」にかかわっている。これはとても興味深い論点であり、あとで立ちもどろう。

ダイアモンドは「仲間（company）」――シジュウカラと親しい交わりを結ぶこと――を強調するが、語源的な観点からは先駆者がいる。コステロに宛てた手紙のなかで「食事を共にする（breaking bread）」という言い回しを問題にするクッツェーの作中人物エイブラハム・スターンがまさにそれだ。スターンはコステロがこの言い回しを安っぽく使っているとして彼女を非難するが、ダイアモンドはコステロの言い回しを最大限のまじめさで受け止める。これは、ダイアモンドがコステロの極端な対応をまじめに受け取るということ、つまり、コステロの対応の途方もなさを問題にするということを意味する。（彼女はコステロが狂気の瀬戸際にあることを重視していると言ってもいい。）そしてたぶん彼女はそれとともに、重要なのはほどほどであることなのかと問いかける。ここは、コステロが動物を仲間として見ていると考えることが有益であるかどうかを問題にしていい場所である。しかし、何かを何かとして見るということを強調するのは、平凡な知識を増強するというよりは、むしろここでは〔コステロの〕極端な知識を萎え衰えさせてしまうように思われる、いやむしろ、動物が仲間であることを事実に満たないものにしてしまうように思われる。それは、動物が仲間（としての役割を果たすのではなく）そのものである（という人も場合によってはいる）という事実を否定しかねない。ダイアモンドが強調するのは、コステロが体現する剥き出しの神経であり、あるいはコステロ自身がときどき言うように、みずからの人間性に対する不安である。

ダイアモンドはみずからのクッツェー論において、すぐさま、彼の物語に応答するよう求められた評者たちの立場とは際立って異なるような、それゆえ彼らの立場から孤立するような彼女自身の物語理解を提示する。彼女が注意を集中するのは、コステロがこう言明する瞬間――彼女の理解するところ、評者たちの応答においては基本的に見逃されている瞬間――である。コステロはみずからを、カフカの物語「ある学会報告」に登場する大型類人猿になぞらえながらこう言明する。「私は心の哲学者ではなくて、学者たちの集まりで自分の傷をさらけ出しながらも、それを表には出していない動物なのです。私は傷を服の下に隠しています。けれども語る言葉のすべてで、その傷に触れています」[10]。こうしてコステロ自身の生存をこの物語に出てくる動物たちの生活のひとつとみなすならば、彼女自身の生存が物語のおもな主題あるいは対象となる。そのなかで描かれるのは、多重性をもつ特異な生活であり、多重の生活をもつ動物としての人間である。野生の生活と飼い慣らされた生活。こちらではこちらの生活、あちらではあちらの生活。表向きの生活と秘められた生活。老いながらも、諦めのつけかたを知らぬ生活。仕事であるからには不作法なこともし、みずから発した言葉のなかで苦しみ、みずからの言葉に苦しまされ、みずからの言葉で自己を懲罰にかける生活。ダイアモンドは、ヒトとヒト以外の動物とは違うという一般的なひとつの見方、もしくは一連の見方があるとの考えを斥ける。この点は私の考え方と相性がいい。私たちが動物をあえて食べない、あるいは食べたいとは思わない理由を説明する仕方がひとつあるわけではない。彼女のこうした示唆を私はこう理解する。二つの王国は限りなく異なっている、またそれゆえ、限りなく同族でもあると。ちょうど人間と神のあいだには限りない距離もしくは差異があるように。（クッツエーの物語に現れる宗教性はしばしば切迫したものとなる。これにかんする議論はほとんどをほかの機会に譲らねばならない。）たとえば、動物の摂食（動物の種を維持する生活様式に不可欠な食事）の仕方と人間のそれとは異なる。動物における交尾や子育ての仕方、家の建て方や餌の漁り方、絆の作り方や死に方や注意や期待や移動の仕方、これらはみな人間の生活様式と異なっていながら類似している——ときには人間の生活様式の寓話になっていると言えるかもしれない。

　クッツェーの『エリザベス・コステロ』はこんなふうに始まる。「何よりも最初に始まりの問題がある。すなわち、私たちを現在いる場所、まだどこでもない場所から遠く彼方の岸（バンク）へいかにして運ぶかという問題がある。それは単なる架橋の問題、ひとつの橋を手早く造るという問題だ。こういう問題を人々は毎日解決している。解決し、そして解決すればさらにまえへ押し進む」。

　（かつて私は『哲学探究』における美学あるいは著述の問題を論じたのだが、そのなかで、近い岸辺（ショアー）と遠い岸辺を論じ「そのあいだを流れる哲学の川」を論じたのを思い出して驚いている。近い岸辺とは哲学的「問題」の見方（パースペクティブ）のことであり、ウィトゲンシュタインは『哲学探究』の「序」においてそれを「意味や理解や命題や論理などの概念（……中略……）、そしてその他」として記載している。遠い岸辺とはさらにむこうの見方あるいは観点（スタンドポイント）であり、それについて私はこう述べた。「その地点から見えるのは、『哲学探究』でいう、言葉を本来の地（ホーム）に連れもどし、形而上学の魅惑から抜け出るための方法である。この見方を抜きにしては、いかなる精神の情熱——宗教的と感じるか、道徳的と感じるか、あるいは美学的と感じるかは様々であろう——も切迫した問題にはなりえない」。そしてさらにこう述べた。「他方抜きの一方［の岸辺］は、日常的なものの軸、日々の生活の圧力を失う。他方抜きの一方はこうして、私の考えでは、『哲学探究』の根本主題を見失う。優先性の問題が残る。一方の岸辺から見れば、他方のそれはほとんど無視できる。またそれぞれの岸辺が、『哲学探究』の仕事のまじめさをもつのは自分であると思っている」[11]。私はこう告白すべきであろう。コーラ・ダイアモンドのすでに古典的著作となった『現実に臨む精神（*The Realistic Spirit*）』という本の書名は、こうした岸もしくは岸辺を暗号としてもちつつ、こう示唆しているというふうに理解したい。すなわち哲学の問題は、日常的なものの喪失と回復（改正、見直し）とを絶えず追跡することにあり、私たちが哲学において必然的に実在的（リアル）なものであると言い張ろうとするものを批判することにある——この批判は現実感覚（リアリズム）の精神にもとづいて、いいかえればヒトという動物が、実際に、いかにしてその生活を形成し、その生活への理解を形成するかを踏まえてなされる。）

クッツェーは、たったいま引用した彼の本の冒頭で「解決」という語を――ひとつづきの二つの文のなかで三度――繰り返し、皮肉と愛情の二つをこめながら、生活が一連の問題と化すような「人々」を描いている。人間の生それ自体が、解決しさらにそこからまえへ押し進むべき問題や知的な謎となったと見ているのだろう。ニーチェも同じように、『道徳の系譜』において、「謎としての、認識問題としての」生を必要とするようになった私たち人類に対し知性上の不満を述べている。(クッツェーが最初の章に「リアリズム」というタイトルを付けているのを見て、ダイアモンドは私と同じように興味をそそられたであろうと思わずにはいられない。)ウィトゲンシュタインの『哲学探究』とは実のところ、満足のゆく解決を得られない人類の肖像であり、人間の生活を忙しなさと露わさと不確かさのそれとして描いた――ほとんど初めての――肖像なのだ。さらにいえば、私は『哲学探究』の美学をめぐる拙論において、その著作が近代的な主体――いいかえれば、この本を読むと予想される読者――の姿を描いていると見たのだが、『哲学探究』とは〔近代に特有の〕倒錯、病気、自己破壊、窒息、茫然自失、奇妙さなどによって特徴づけられる人の肖像でもある。

このことが、エリザベス・コステロの自己規定をまじめに受け止めるという問題に戻ることを容易にするかもしれない。自分は傷ついた動物であるが(ほかの傷つき苦しむ動物とは違って)その傷をさらけ出しながらも表には出さないというのが彼女の自己規定だった。彼女は傷を服の下に隠していると言うが、それは直ちに、彼女の条件と他の動物の条件とのあいだのもっとも明白なあるいは陳腐な違い、すなわち彼女は服を着る種(しゅ)だという事実を私たちに警告する。また、彼女の服の下に隠されていると同時に隠されていないものとは、年老いているのを除けば無傷の女性の肉体であると推測することは許される――許されない?――のだから、彼女が示す苦しみは、ある意味で、人体をもつこと、つまり人間であることに等しいとみなしうる。(「年老いているのを除けば無傷」というとき私の念頭にあるのは、この小説『エリザベス・コステロ』のもっとあとの章で彼女が述べる事件である。そのとき負った傷にかんし目に見えるような残滓はない。半世紀まえ、彼女は荒くれ男にナンパされ、口説かれそうになり、それをはねつけて殴り倒されたのだった。そのとき彼女はあごを砕かれた。その治療と治癒のようすも描かれている。この事件から消えぬまま残っている傷があるとすれば、それは、あの荒くれ男が彼女を殴りながら明らかに快感を覚えていたという彼女の認識のなかにある。こうして、悪に対する、すなわち服の下に隠されていないものに対する最初の認識と彼女の呼ぶものが彼女の内部に生じたのだった。クッツェーがフロイトの仕事をどう見ているか、ラカンをどう見ているかはなおのこと、私には分からない。しかし私には、通常の女性の肉体には明確に傷ついた部分があるとの考えが暗示されているように思えてならない。)

傷を負っていることが人間の存在を特徴づける。私はこの傷の暴露にかんし二つの特徴を強調する。まず、苦しみの傷痕をもつことは人間の肉体をもつことに等しいのだから、同じ人体を所有する他者一般に向かって傷への訴えを切り出す権利は、大ざっぱにいって荒れ野で叫ぶ声の論理、（極端にいえば）潜在的にはだれにも聞こえないけれど潜在的には万人に聞こえているような知らせを告げる声の論理をもつ。それは哲学にとどまらず宗教の音域（レジスタ）から響いてくる声である。それは招かれざる声であり、万人が共有するあるいは承認すると想定しうるような経験への訴えを越えていく。そしてその狙いは信仰を植えつけ、解釈を呼び起こし、信仰の共同体をつくることにある。それはきわめて特殊な形式の熱烈な発話を生み出す。それを預言と呼ぼう。傷を暴露する目的は単に傷に触れることではなく、傷を公表し、傷こそが表現を引き出したのであり、傷こそが表現に権威を与えているという事実を明らかにすることでもあると言えるだろう。コステロは私たちの行為に匹敵するのは第三帝国のそれだと断じながらこう言っていた。「私たちの企て［死体の大量生産］は終わりのない企てです」。これは荒野から届いた耳障りな知らせ、おそらく意図して狂気を装った熱烈な知らせとまでは言わないが、本来的に不作法な比較である。それを声に出して言う権利は、ただ単に、すべてを代表して話すという万人に許された主張——哲学が要求するもの——を横領する権利であるのではない。それはまた、人間の現状から距離をとり、仲間の人間がまぎれもなく毒にまみれていると見る判断でもある。（動物の大量殺戮を犠牲という概念でくることは事実上できないように思われる。）

ともかくここではこう言っておこう。食品工場を強制収容所になぞらえるコステロと、次に引く二つの文の作者とされるハイデガーとには明らかな相同性がある。フィリップ・ラクー＝ラバルトによれば、この文はハイデガーが発言したものであり、ブランショがこれを引用している。この一節は、数年まえ、ハイデガーとナチズムの特集記事を組んだ『クリティカル・インクワイアリー』誌に掲載された。ハイデガーはこう発言したと伝えられている。「農耕はいまや機械化された食品工業である。［ここまでは実質上、ハイデガーの名高いテクスト「技術への問い」（一九五五年）と一字一句同じである。このあとにハイデガーが発言したとされる文が続く。］その本質［つまり技術の本質］はといえば、ガス室や死の収容所での死体の製造と同じであり、封鎖や飢餓による制圧［一九三〇年代の初めにウクライナの自営農家（クラーク）四百万人を餓死させたスターリンへの言及だと私は思う］と同じであり、水爆の製造と同じである」。私はこう想像する（これは私の考察にとって本質的ではないが）。クッツェーはよりによって食品工業を死の収容所に結びつけることの引用を知っていた。そしてハイデガーの言葉を彼の小説のなかで試してみようと思った。年老いた芸術家以外のどこかに出自をもつそうした見方が信頼に足るものであるかどうかを問うために。年老いた彼女は、言葉で生計を立てる人生の晩年にあって、返ってくる応答に死ぬほど消耗しうんざりしていた。彼女は自分の言葉のリアリティに、つまり自分の言葉が他人の関心を引かないという事実に気も狂わんばかりだった。ついに彼女は自分の想像力によって動揺させられ、人々の顰蹙を買うことを喜んで受け入れるように強いられるのだ。ハイデガーの『思惟とは何の謂いか』のなかで私がもっとも感銘を受けた瞬間のひとつは、ニーチェをこんなふうに記述する瞬間である。ハイデガーはここで、私たちが神を殺害したという出来事に対する彼の見解を提示しながら同時代の人々に手を差し伸べようとしているのだ。「もっとも静かなもっとも内気な人間のひとりであったニーチェは、叫ばざるをえないという苦悩を耐え抜いた」。エリザベス・コステロは彼女なりの疲れ果てた仕方で叫んでいるのだと考えるならば、私たちにとって啓発的である。

ハイデガーの『思惟とは何の謂いか』がクッツェーの作品に現前していることを暗示する細部をもうひとつ挙げるならば、近い岸から遠い岸へ渡るものとしての読者の旅、あるいは人生の旅という冒頭の描像がそれである。問題が立てられ、「人々」はそこから「まえへ押し進む」ことができる。問題を解決する人々を代弁しながら、クッツェーはそれを「架橋の問題」と呼ぶ。ハイデガーは著作の初めのほうで、科学的な発想あるいは合理的な処理から本来的な哲学的思考への移行について こう言う。つまり「ここにはいかなる橋もなく、ただ飛躍があるのみである」と。とすればクッツェーの小説の冒頭のパラグラフは私たちに向かってこう述べていることになる。すなわち人間とは押し進むもの（push on）、さきへ進むもの（get on）、まえへ行くもの（go along）、問題を解決するもの（他人が決めた語彙をもって、と私は理解する）である。だが、思考のための、あるいは思惟と謂われねばならないもののための立場や場所においてではないと。

ハイデガーがまじめな思想家として生き残るだろうと想像する人には、さきに引いた彼の発言がナチズムの行ない（プラクティス）に対する単なる弁明を意図したものであってはならないと考える傾向がある（ナチズムの理論（セオリー）に対しハイデガーは一定の「留保」をしていたのだが）。それに対し、収容所を農耕の工業化と結びつけるハイデガーを思い起こさせたのが、まさしく食品工場を死の収容所と比較したエリザベス・コステロである以上、私はコステロとハイデガーの違いに注目する。コーラ・ダイアモンドが強調するのもこの違いであり（この点にかんし、クッツェーの対をなす二つの物語とともに発表された五つの論評の著者たちがはなから沈黙していたのとは対照的である）、彼女は、コステロの（いわば）隠しながらもいまだ隠しきれない傷という、もはや避けて通りようのない知識に注目する。ハイデガーが自分にその種の告白すべき傷があると認めることはない（彼には）。そして叫ばねばならぬほどの苦しみがあると認めることもない。たぶんこの抑制もしくは欠如という点で彼は人々の顰蹙を買っているのだろう。

　傷ついたものとしての人間の生存というエリザベス・コステロの訴えには二つの特徴があると私は言った。まずは、すでに述べたように、傷を負っていることと——彼女自身の言葉から判断して——、人間が烙印（スティグマ）の化身であり、まさに烙印として人体を所有するという条件とを彼女が重ねあわせているという点である。第二の特徴は、彼女がこう主張する点にある。彼女の傷が不可視的でありながら同時に可視的である証拠は、げんにそこにある、あるいは彼女の言い方では、彼女の話す言葉のすべてがそれに「触れている」。私の経験から言って、この種の思想もしくは洞察の先駆をエマソンの語り口に見ることができる。エマソンの論文「自己信頼」によれば「彼らの口にする言葉はすべてが私たちを失望させる」（そして「私たちには、彼らを正すにはどこから始めるべきか分からない」と補記される）。しかし何が「彼ら」を「私たち」から分けるのか。エマソンの耳にする言葉はすべてが彼を失望させる。そして彼が口にする言葉のすべては、本来そもそも、他人の言葉すなわち公共の糧（common bread）である。ほかにどんな言葉があるというのか。とすれば、彼の口にする言葉はすべてが失望を呼び起こし、失望を表現する運命をもつ。話す――間違いなく人間の生活形式を表す特徴である――ということは、とりもなおさず、言うべく、もしくは言いそこなうべく、そこにあるものの犠牲となることである。

エマソンのいう失望を最大にする話題は奴隷制である。講演「英領西インド諸島における奴隷解放について」にはこうある。「言語を掻き集め（rake）なくてはならない。屠殺場や破廉恥な館の陽にさらしえない秘密を捜し回ら（ransack）なくてはならない。黒人奴隷とは何であったかを話すために」。また論文「運命」の初めのほうにはこうある。「いま食事をすませたところだとしよう。屠殺場を、優雅に何マイルも離れたところに、どれほど念入りに隠そうとも、共犯はげんに行なわれている――高くつく種族」。「高くつく種族（expensive races）」は「種族を犠牲にして（at the expense）生きている種族」をいくらか拡張した言い方である。屠殺場という語が繰り返し現れるという事実に、「種族を犠牲にして生きている種族」の意味が曖昧である――動物を犠牲にして生きている種族を意味するが、同時にこの文脈では間違いなく、黒人を犠牲にして生きている白人をも意味する――という事実をくわえると、どうしても奴隷制が一種の食人行為（cannibalism）であるとの考え方あるいは見方が導かれるとの私の感覚をここで蒸し返そうとは思わない。彼の「議論」にとって本質的なのは、掻き集めなくてはならないものとしての言語という考えが、いやおうもなく次のような描像を暗示するという点である。すなわち言語の家はつねに蹂躙され征服されているのだから、言葉を残骸のなかから捜し、そうした言葉を力と技をもって順序よく整列させ、言葉に正当な階層を与えて、ページのうえで礼儀正しく協調して働けるようにしなくてはならないといった描像である。こうしたことを――ダイアモンドのいう現実や哲学のむずかしさを想起させるが――まじめに受け止めなくてならない。それには、エマソンが奴隷制を食人行為として見ているという私の感覚が「高くつく種族」というエマソンの見解を捉えているかどうかをよく考えてみる必要がある。この場合、「として見る」という概念は一種のアレゴリーになるだろう。たとえばソローは『ウォールデン』の冒頭で、マサチューセッツ州コンコードの町に住む人々が、自分を苦しめるために黙々として習慣に従っていると見る。ソローの報告によれば、彼らは知らず知らずのうちに生活を一連の奇妙な難行苦行に変えているかのようである。ソローの本を陰に陽に支配しているのはこの見方である。もっとも私は食人行為を〔アレゴリーとしてではなく〕たぶん消しようのない刻印として語りたかったのだが。

これに関連して述べるならば、以前に指摘したように、ソローは人間の食事を風変わりな皮肉の対象として扱っている。ウォールデンで最初の年を乗りきるための経費の明細表、つまり支払われたドルやセントの文字どおりの一覧表を作るさい、ソローは食費の明細を別個に記載し「私はこれほど恥も外聞もなく自分の罪を公表する」と論評する。ソローはここで、彼の生存そのものを、すなわちこの世で摂食しつつ生きる意志の表明を確実に正当化するものはないと考えている。生きるうえでの負債、生活の条件は数えきれず、切り拓くまえに彼のために切り拓かれていた平穏な空き地を利用する、あるいは利用しそこねることも数知れないのだから。そうした生活の条件や負債に耐え切れなくなるかどうかは、それらがどの程度不必要であるかによって左右される。ソローの冒険的な生活が試行錯誤を重ねながら追い求めているのは、誤った必要品（あるいは手段）を本当の必要品（あるいは手段）に置き換え、そして本当に善いと思うもの（遠くプラトンの『国家』以来、哲学が追い求めてきたもの）を手に入れることである。そのとき、たぶん生存の傷を覆い隠す必要もなくなるだろう。

　もちろん、こう問いかけたくなるかもしれない。かりにソローがもう少し現実主義的（リアリスティック）で、たとえば妥協することにもっと寛容であったなら、彼は現実の世界ともっと多くの繋がりをもてたのではないかと。（アフリカのアルベルト・シュバイツァーはかつて人生の賢者としていま以上に尊敬されていた。彼は、夜、テントのベッド脇に少量の砂糖を盛ってから床に就いたが、それは食糧の蓄えをアリから守るためではなかった［その種の対策はしてあった］。そうした行ないは、現代的な見方からすれば、不自然で気取ったものにすぎない。たぶんそこには、ひとりの男の慰め以上の意味はなかっただろう。）しかし『ウォールデン』のもっとも長い冒頭の章「経済」（ソローにとって重要な語）はまさに、用語の使用域（レジスタ）をつぎつぎと広げていく企てである。そのなかで最良の妥協――すなわち堕落した世界のなかで、利益、資産、損失、浪費、収益、借金、夢、支払い条件などを帳簿（生活条件のすべての帳簿）につけること――が系統的に記述され実行される。その道徳を現実主義（リアリズム）の道徳とみなすことさえできるだろう。

私はあらかじめ、妥協という考えに立ちもどりたいと言っておいた。ここに比較的完全な形で、コーラ・ダイアモンドの（彼女のクッツェー論における）応答がある。拙著『理性の呼び声』第四部において私が「他者に対する私たちの露わさ（exposure）」と呼ぶものにかんする議論とかかわらせながら、彼女はコステロの返答を取りあげる。コステロは、彼女の菜食主義が道徳的信念によるのかと訊かれ、とまどいながらも問いを逸らしてこう言う。「自分の魂を救いたいからです」。この返答に対するダイアモンドの解釈はこうである。「動物をふくむ道徳的共同体（……中略……）の有無が私たちの所与となるだろう［が、実際にはなっていない］」。しかし私たちは曝されている（exposed）、いいかえれば、私たちは共に生きていけるものを見つけるように投げ出されている。そしてそれは、よくて苦い味のする妥協のようなものであるかもしれない。ここにはただ、私たちの露わさをどう受けとるかがあるだけなのだ」。

　趣味（テイスト）がすべてであるとみなされるような領域で、苦い味（テイスト）のする妥協の原因とその強さとをもっと明確にできるだろうか。（コステロの菜食主義をひとつの生き方として大いに尊敬すると断言はしたけれど、実のところ、魂が脅かされているのは道徳的信念の問題を超えた地点においてなのだとの彼女の訴えを軽く聞き流してしまう）質問者に、彼女が「私は革靴をはき、革のハンドバッグももっています。私があなたでしたら、あまり尊敬などいたしませんけれどね」と言って警告する、あるいは叱責するとき、そこで賭けられているのは趣味――いいかえれば差別であるが、これは私たちが安易に好み（テイスト）とみなすものを超えている――の問題であるように思われる。つまり、知っていることと、どう感じどう振る舞うかのあいだには、わずかであろうと依然として不釣り合いがあるのだ。その質問者（彼女を称えて招待した大学の学長と呼ばれている人）は「一貫性なんて小心者が生み出すお化けですよ。もちろん、肉を食べることと革を身につけることは別でしょうとも」と「つぶやく」。「『忌まわしさの度合いにすぎませんね』と彼女は答える」。彼に答える。（私は単にエマソンが〔間接的に〕引かれているこの場所に注目する。一貫性というお化けに対するエマソンの痛烈な皮肉はよく知られているが、嘲りを買ったことでもよく知られている。礼儀正しい学長の口から出た言葉であるが、エマソンから若干間違って引用され[12]、そして脅かされた魂の訴えがもつ刺（とげ）をかわすためのこじつけとして利用されている。エマソンの妥協のない言葉が妥協とともに使われる例としては申し分がない――きのうの過激な言葉が、きょうは堅物の言葉。）しかし、コステロのいう「度合い」をどう理解すべきだろう。彼女は暗に忌まわしい行ないにみずから加担していると言っているのだが、実のところ、革製品を身につけるだけでは、あるいは快適さと虚栄心を満たすためにそれを用意しようと考えるだけでは、彼女の肉体の隠しもつ傷が露わになるようには思われない。では彼女の場合、苦さをもたらすのは妥協の必然性ではなく、むしろ、彼女には、彼女の肉体には妥協する資質があるとの発見なのだろうか。（このことは過度の潔癖さではなく虚栄心を暗示するかもしれない。）しかしこのことはどのようにして、傷ついた肉体を隠すことなく隠さねばならないという感覚に結びつくのか。

それは魂を救うことと革の代替物を見つけることとの不釣り合いをどう理解するかにかかっているのだろうか。これはじっさい簡単に片づく問題ではけっしてない。とくに私たちの快適な生活を維持する条件をより世界的な規模で問うときには。そのときは屠殺場（スローターハウス）と同じように救貧院（ワークハウス）も調査の対象となるだろう。この問題にかんしエマソンはこう言っている。どんなに優雅な距離をとろうとも「共犯はげんに行なわれている――高くつく種族」。エマソンがここで、社会契約の賭け金を共犯者のそれと解釈するルソーに訴えているのは疑う余地がない（ここが初めてではない）。エマソンは絶えざる正義の挫折が狂気を招き寄せることをも認める。またエマソンはここで、社会の不正や無関心や残虐さに、つまり現実のむずかしさに加担していることをいわばみずからの問題として受け止めている。エマソンのこうした感覚こそが、エリザベス・コステロの孤立感をその傷において推し量る尺度となるように思われる。その感覚は出現する（*happens*）、ハムレットやアンティゴネーやフェードルやメリザンドの感受性を超えたところにさえ、すなわち救済もないままに極端な知識を担い、人間の露わさを担う者たちの感受性を超えたところにさえ、出現する。

　コステロの状況から抜け出す方向（いわば高等な種への移行あるいは架橋を報告するカフカとは逆の方向）は、人類から逃げ出すのをやめ――つまり生きつづける決心をし――、人類の内側に沈潜していくこと、あるいは「人間を見ても楽しくない、女を見ても楽しくない」と感じるハムレットと同じように、人類の一員であるふりをすることである。コステロには人間を辞する用意もなく、辞することのできない怒りを他人に表す用意もない。そんな振る舞いは、人間の苦しみをいたずらに増すだけであろう（「自分で自分を嫌悪する〔とは何と奇怪な動物であろう〕」とモンテーニュは言う――もっと親しみのもてる知恵を推賞しながら）。それゆえ彼女は革製品で身を飾りみずからを慰めると言い張るのだ。私の念頭にあるのは、動物が人間の要求に服従させられていることへの妥協の度合いと、私たちの社会のなかの不正に対する妥協の度合いとの優劣ではない。ヒトという動物がみずからの生存に対して妥協する――つまり、私たちの自我（エゴ）から防衛する、あるいは逸れる――というフロイトの考え方にあまりにも強い印象を受けたせいで、私は人間の生活が残らず白日の下に曝されうるとは思えないのである。たしかに私はときどき、菜食主義とは、ヒトという動物から疑わしげな距離をとると宣言するひとつの仕方であると感じる。しかしこのことは、私がそこから手招きされたときその道を選ばない理由にはほとんどなりえない。

いずれにせよ、肉食への賛否の「理由」とみなされるべきものにかんするコーラ・ダイアモンドの警告には賛成である。そして、この論題にかんしここまで述べてきた時点において、私はヒトという動物の仲間への帰属から距離をとると言明する願望について若干のことを学んだ。私はかつてこう考えていた。道徳的な葛藤に直面しているとき私は自己弁護として「私には非難される余地がない」と言うことがけっしてできない（これはジョン・ロールズの著作のある一点に対する異論なのだが）。あるいはむしろ、そのように言うことは、とりもなおさず他者は私より道徳的に劣っていると示唆することであると。いま私には分かる。私たちがヒト以外の動物を仲間とみなして付き合うのはいいとして、その方向から道徳上の是非を問われるなら、私は「私には非難される余地がある」とすら応じることができないと。前者の自己弁護が他者との支持しがたい違いを要求することによって私の立場を歪めるとすれば、後者のそれは私の立場を無力化する。特別なものを何も主張しない（罪深い世界で一般化された罪を打ち明ける）のだから。それはまた、肉を食べない理由を明確にする任務を免除することでもある。なぜなら、節制の理由にその力を与える元となる考えを共有しないのだから（私はすべての動物を伴侶として見たり扱ったりするわけではない）――違う考え（動物を食べることは、肉食あるいはむしろ雑食の動物としての進化論的段階を受け入れることである）を主張するにせよ、しないにせよ――、あるいは節制の訴えへの盾として趣味の違いを強調するのだから（私は伴侶とみなす種を食べない）。私は単に「私は人間である」と言いたいだけなのだ――しかしこの弁解をだれに向かって言えばいいのだろうか。

私自身への覚書のようなものであるが、いくつか問題を投げかけて結びとしたい。「魂を救う」との関連でいえば、食事制限を課すという宗教的な特徴はどのように理解されているのだろうか。広大な地域において、道徳的な考慮とは異なる普遍的な命令が一貫性のある実効的な仕方で個々の共同体を特徴づけており、そうした命令は、食べてはならない生き物にかんする個人的な感受性の変化によって左右されることがない。私が成人式（バール・ミツヴァ）を迎える準備の期間に、ラビは、豚肉を食べることを禁じる議論をしながら私たちの小さなグループにこう警告した。豚肉を食べることそれ自体が悪い習慣であると主張することはできない、ただ、それは私たちの習慣ではないだけなのだと。それから嫌悪を表すかのようにちょっと身震いし謎めいたほほ笑みをうかべた。それにつられて私たち小グループは笑った。ほほ笑みと笑い声の両方が私に悪影響として作用した。単なる差別化として、差別化の表徴へ無条件に服従することが、真剣に取り組むべき問題なのか、それともそうではないのか。恥ずかしながら私は菜食主義にかんする哲学的議論の一般的な状況（たとえば宗教的な食事制限が考察の対象になるかどうか）を知らないが、それでもまだ自分の無知を正す用意ができていない。私は、神学を研究している若い友人に、現在この種のことが問題となっているかどうか訊いたことがある。それには答えず、彼女はダニエル書の驚くべき第一書を参照するように教えてくれた。「王の肉で自らを汚すまいとひそかにもくろんだ」ダニエルは、ネブカドネザル王の贅沢な歓待いいえかれば命令を拒もうと企て、肉を食べる代わりに、彼とほかの若い囚われ人は肉抜きの食事を貫いた。それから十日後「彼らの顔色は、王の肉を食べたどの子供よりも、よく見えた」。しかし神の好意を教えるこの物語（あるいはこの部分）に、私の疑惑は増すばかりである。現代においては、生活の仕方全般によるのではなく肉食を絶つというただそれだけの事実にもとづいて、菜食主義が道徳的に優っていると主張しているのではないかという疑惑である。（動物の権利についての道徳的理論を作ろうというのであれば、まっさきにこの危険を解消しておくことが肝要であろう。）しかしもちろん、たとえばネブカドネザル王との違いを表明することは理にかなっている。しかし明らかに、今日の世界でそうするには、ネブカドネザル王の役割をほかの人に割り振らねばならないかもしれない。

ほかの動物にかんして一貫性を保てなくなる脅威を、他人との道徳的関係において一貫性を保てなくなることへの不安や「苦さ」の原因と比較することができるだろうか。たとえば、毎年、贖罪の日に許しを請い寛容を求めることになるその背信行為の長い惨めな一覧表を想像していただきたい。罪や悪行への許しを請い、違反行為を詳細に述べる。それは強要されてのことなのか、自ら進んでのことなのか。意識してか、意識せずにか。公然とか、秘密裡にか。心のなかでか、言葉に出してか。権力の濫用はなかったか。心を鬼にしなかったか。悪口を言わなかったか。仕事のなかで偽りをしなかったか。等々。（小さな、あるいは大きな）心が生み出す愚かな一貫性というエマソンの警句を考えてみたい。それは、私たちが本性として愚かであるかもしれず、愚かでなくてはならぬわけでもないこと（ヒト以外の生き物には見られぬ不幸）を考えさせようとしているのだ。食欲やその他の欲求さえもが人間の魂を表現するだけでなく、その脅威にもなるその人間の肉体とは何だろうか。他人が無関心であるように見える恐怖への応答のなかに狂気（継続する静かな怒りや絶望でもおそらく十分）の前兆があるとすれば、まさにその恐怖への応答において自分自身が一貫性を欠いているとの認識のなかにも同じ前兆がないのだろうか。強制収容所や大量飢餓や水素爆弾の存在について学び、その知識を堅持することへの正しい応答とは何だろうか。告白すれば私には次のような根強い感情がある。すなわち、人間であること（人体をもつとの烙印を押されること）に対する恥の感覚が猛り狂ったように向かうさきは、人間がヒト以外の隣人的生き物（non-human neighbors）をどう扱うかではなく、むしろ人間がヒトという動物（human animals）をどう扱うかのほうであると。私は、ヒト以外の生き物にかんして私たちは個人としてそれぞれ有効な手立てを尽くすことができるという要点を見落としていないと思う。だが人間にかんして私たちは、自覚的であるならば、手立てのなさにすぐにも気づく。ではどうするか。私たちは狂った世界のなかで正気でいることへの罪悪感を臆面もなく公表すべきだろうか。ここでは哲学が私たちの助けになる、たとえば私たちが哲学的であるための助けになると私は思う。しかし、問いを投げかけるのも、最初に行くのも、驚嘆するのも私たち次第なのである。

註

（＊）この試論は *Wittgenstein and the Moral Life: Essays in Honor of Cora Diamond*, edited by Alice Crary, MIT press, 2007 のために書かれ、そこで発表された。二〇〇六年、コロンビア大学における「ヘットマン記念講義」として発表されたバージョンもある。「として見る」にかんするウィトゲンシュタインの考察についての「追加的所見」は拙論 "The Touch of Words" を参照（これはウィリアム・デイとヴィクター・J・クレブスが編者で、ケンブリッジ大学出版局から二〇〇八年に刊行予定の本に収録される〔*Seeing Wittgenstein Anew: New Essays on Aspect-Seeing*, edited by William Day and Victor J. Krebs, Cambridge U. P., 2010 として刊行〕）。

（1）Ludwig Wittgenstein, *Philosophical Investigations*, 3rd ed., p. 199.〔邦訳、『哲学探究』ウィトゲンシュタイン全集第8巻、藤本隆志訳、大修館書店、三九六頁、参照〕

（2）ibid., p. 202.〔同前、四〇四頁〕

（3）ibid., p. 214.〔同前、四二七頁〕

（4）ibid.〔同前、四二一、四二六、四二八頁〕

（5）Coetzee, J. M., *The Lives of Animals*, p. 21.〔邦訳、三二頁〕。〔二〇〇七年版では、クッツェーから引用した

あと、（私たちの企てとは何だろうか、彼らの企てはいつ終わったのだろうか）と括弧書きされていたが、本書では削除されている〕

（6）ibid., pp. 49–50.〔邦訳、八一～二頁〕

（7）Diamond, Cora, "Eating Meat and Eating People", *The Realistic Spirit*, p. 332.

（8）ibid., p. 334.

（9）ibid., p. 328.

（10）Coetzee, op. ct., p. 26.〔邦訳、四〇頁〕

（11）*The Cavell Reader*, edited by Stephen Mulhall, Oxfotd: Blackwell, pp. 382–3, 1996.

〔12〕「小心者（small minds）」は、エマソンでは「小さな心（little minds）」。「自己信頼」（岩波文庫『エマソン論文集（上）』二〇五頁）参照。

THREE

COMMENT ON STANLEY CAVELL'S "COMPANIONABLE THINKING"

John McDowell

第3章

スタンリー・カヴェルの「伴侶的思考」についての論評

ジョン・マクダウェル

「伴侶的思考」の初めでカヴェルはこう自問している。J・M・クッツェーの作中人物エリザベス・コステロを考察するときのコーラ・ダイアモンドの論点は、ウィトゲンシュタインが「相貌を見る（seeing aspects）」を論じるときの観点から見るならば有益であるだろうかと。カヴェルによれば、この提案が説得力をもつ理由は「文明化した生活に対する応答が人によって極端に違うのは、入手しうる情報量の違いとは関係がない。この場合、いやしくもほかの人が知ることや見ることのできないものは本質的にだれにも知りえない、あるいは文字どおりだれにも見ることができない」という点にある。のちにカヴェルはこの問いに否定的に答えている。彼はこう結論づける。何かを何か*と*し*て*見るという考えは、ここで問われている問題の役には立たない。なぜなら、ダイアモンドの思考を「相貌を見る」との枠組みによって構成するならば、彼女にとって他の動物はとにかく私たちの仲間そのものであって、相貌を変換することができるならば私たちの仲間として見ることもできるような物（thing）ではないという事実に正しく力点をおくことにはならないからである。ダイアモンドは「それをアヒルとして見ることもできる」のようなことを言っているわけではない。しかしカヴェルは、すべての関連する情報が広く一般に共有されているという初めに表明した考えを撤回しない。

ダイアモンドの主題がかりに、私たちは食料生産におけるヒト以外の動物の扱いにどう応答すべきかであったとすれば、いやしくもほかの人が知らないことはだれにも知りえないというカヴェルの一見無造作な発言は明らかに間違っているであろう。ダイアモンドの論点に対しこの発言はじっさい的外れであると私は思う。（ダイヤモンドの論点をもっと広げて見たとしても、やはりこの発言には疑問の余地が残るように思われる。的には近づくかもしれないが明瞭さが失われることになる。この点にはあとで触れる。）いずれにせよカヴェルの発言は、私がいま念頭にあるような率直な反論を招くことで、ダイアモンドがクッツェーの作中人物を引きあいに出すその狙いを分かりにくくする。ここにはねじれがある。なぜなら、カヴェルが応答している論文は、カヴェル自身の思考の中核を織りなす縒り糸へ近づこうとする魅力的な試みであるから。カヴェルの応答は、ダイアモンドがカヴェル的主題へ光を投じるために彼女が発見した驚くべき方法を正当に扱っていない。

ダイアモンドが提起しているのは食品産業においてヒト以外の動物がどう扱われているかの問題であると考えるのがかりに正しいとしたら、もちろん、それにかんする知識が重要となってくるだろう。また、カヴェルが言っているように思われることとは反対に、そうした知識がくまなく一様に普及しているわけではないのも明らかなように思われる。多くの人はいかに食品（食肉に限らず食品一般）が生産されているかについて何も知らない、あるいはほとんど何も知らない。またもっと範囲を絞って、食肉生産において万事がうまくいっているのかどうかを憂慮し、知るべきことを知ろうと努めるような人々から見ても、もちろん、さらに知っておくべき細部はつねに残されている。明らかなように思われるのは、事情をよく知る人もいればそうでない人もいるということだ。しかしすでに言ったように、こうしたことはダイアモンドの論点とはかかわりがないと思う。

単純化しすぎることになるのは避けられないが、肉食に対するダイアモンドの姿勢を手短にスケッチしてみよう。まず、人間を食べることを考察してみる。死んだ人間を人肉とは気づかれないように加工し、食物源については嘘をついて、生きた人間にその食材を供給しているような世界――エドワード・G・ロビンソンが最後に出演した映画『ソイレント・グリーン』のような世界――を想像してみよう。これにかんし万事が問題なしであるのかどうかをめぐり（嘘をつくという明白な問題は別にして）、論争の種があると考える人がいるとしたら、それは単に、ダイアモンドによる「人間」という言葉の使い方と、私たちの多くがその言葉で意味することとのあいだにズレがあるということを示しているにすぎないだろう。（ここで言いたいのは、つまり、私たちが自分の考えをもちつづけることを保証するものは何もないということだ。）似たような意味で、ダイアモンドにとって、私たちと同じ仲間の生き物を食べることにかんし万事が問題なしであるかどうかは論争の種にならない。（どの生き物が問題であるのか？　彼らは殺されるまえ、どう扱われるべきか？　などなど。）肉食を通常の哲学的主題に仕立てる人は単に、ダイアモンドが「同じ仲間の生き物」で意味することとその人が意味することとは違うという事実を暴露しているにすぎない。また、論争の余地を与えないほど強い意味でヒト以外の動物が私たちの仲間の生き物であるという主張の正当化——哲学者がやりそうな正当化——を求めて議論を押し進めたりすれば、ダイアモンドの論点を捉えそこなうだろう。

肉食にかんして、いやしくもほかの人が知らないことはだれにも知りえないというカヴェルの発言は、いまやもっと深い意味で疑わしいように思われるかもしれない。こう言いたくなる。すなわち、ダイアモンドは自分が他の多くの人の知らないことを知っていると思っている、ヒト以外の動物は彼女特有の意味において私たちと同じ仲間の生き物なのだ、と。しかし結局カヴェルの発言はたぶんそれほど無造作なものではないのかもしれない。またたぶん、このより深いレベルにおいてはそれほど間違っていないのかもしれない。かといって、ほかの人がもたない情報を彼女がもっていると彼女が思っているということではない。これではダイアモンドの思考は、彼女が拒絶している哲学的手法の単なる特例になってしまうだろう。仮定された情報がじっさいそのとおりであるとの主張を正当化する課題をどうして拒絶できるであろうか。また、仮定された情報をもちだして、肉食が間違っているという議論の根拠とするのをどうして避けられようか。

すでに述べたように、ダイアモンドにとって、肉食にかんし万事が問題なしであるかどうかは哲学的議論の主題ではない。少なくとも通常の哲学的議論の主題ではない。農民と家畜との関係が人間と愛玩動物との関係に似ているような種類の童話のなかで描かれるものとして畜産を想像するとしても、情況が変わるとはまず思われない。そうした童話は動物の一生がどのように終わるかには触れずにすまさねばならず、またダイアモンドのような観点から動物を見るならば、動物を食品に変えるために送り出すことを、動物との関係がそれまでどんなに親密なものであったにせよ、やはり裏切りとみなさねばならないだろう。工場畜産は童話のなかの畜産とは違う。そしてこのことが肉食の悪を増幅させる。しかしそれは重要なことではない。だが一方、ヒト以外の動物に対するダイアモンドの見方を共有しないならば、工場畜産の残酷さは容易に本質的な論点になる。こうして、どの肉を食べるべきではないとか、童話と同じように手厚く扱われた動物から生産された肉を食べることはたぶん問題ないとかいった通常の哲学的議論が始まるのだ。

一種の類例（parallel）として、こう考えてみたい。（「類例」の用法には注意を払う必要があるけれど、クッツェーのコステロはそうした問題に必要な注意を払っていない。）だれかがこう言ったと仮定してみよう。ヨーロッパのユダヤ人絶滅計画は、その犠牲者が殺されるという点を除けばあらゆる点において最大の配慮と温情をもって扱われていたなら、悪の度合いが少なかったであろう。もちろん、この空想において犠牲者は可能なかぎり人道的に殺されるとして。こうした仮想上の判断が可能なのは、アカデミックな哲学という少々常軌を逸した環境のなかでのみであろう。それは、問題となった実際のありようを歪める。ダイアモンドの見るところ、工場畜産の残酷さが肉食の悪を増幅させるわけであるが、同じように、実際のありようが恐怖を増幅する。しかし、ユダヤ人絶滅計画がしかじかの違った仕方で実行されていたならばもっとましであっただろうといった趣旨の見解が倫理的議論によって正当化される場合もあるだろうと考えるならば、私たちはあの恐怖を、恐怖とは無縁な論争の領域にもちこむことになる。

増幅作用のもうひとつの事例を、現実のむずかしさについてダイアモンドが挙げる別の例を使って説明したい。テッド・ヒューズの詩「六人の若者」においては、一九五〇年代に生きる詩人‐語り手が一九一四年に撮られた写真——六人の若者が見る者の前に生き生きとした姿で現れる写真——を凝視している。彼らはみな写真を撮ったあとすぐに死んだ。この事実と、写真には元気いっぱいの彼らが生き生きと写っていることとを、心的な眺めのなかでひとつに結びつけようとするときに詩人が覚えるある種の不可能性が、この詩の主題なのである。ダイアモンドはこの点に言及してはいないが、現実を取りこむ通常の手段から押しのけられると詩人が表現する感覚は、もちろん、その写真の特殊な事情によって比較的容易に生じてくる。彼の気持ちのありようは、この若者たちの死は、どんな死の無意味さよりももっと無意味なのだという考えの影響を受けている。しかしこれは別種の増幅因子である。若者が充実した長寿をまっとうし心安らかに死んだとしたら、それはも書くのがもっとむずかしい詩になっていたであろうが、それでもやはり、押しのけられる感覚は表出されえたであろう。

私がヒューズの詩をもちだしたのは、クッツェーのコステロはダイアモンドの挙げる例のひとつにすぎないという点を強調したいからでもあった。ダイアモンドは例として美の経験をも挙げている。美の経験をするとき、私たちは、世界内にあるものを取りこむ通常の技量を超えるものに出会っているように思われる。彼女はほかにもいくつか例を挙げている。もちろんカヴェルはこう注意している。ダイアモンドの主題は多様な事例から成り立っており、単に、コステロがヒト以外の動物の扱いによって構成されるとみなす現実のなかにあるようなむずかしさだけではないと。しかしカヴェルの口ぶりは、まるでダイアモンドがクッツェーの仕事を論じるその目的が、肉を食べる人々に対し、その習慣にかんし、あるいはその習慣を続ける心的傾向にかんし熟考するよう説くことにあるかのようである。それはダイアモンドの論文の論点を曖昧にすることだと私は思う。ダイアモンドからすれば、コステロは、ヒューズの詩において同じように例示されているものを、とても洗練された仕方で例示する役割を果たしているにすぎず、コステロにとりつく強迫観念の細部はある意味でどうでもいいのだ。

初めに言ったように、ここでまともに扱われていないのはカヴェル自身の思考である。この点を説明してみよう。

ヒューズの詩はこのように終わる。

この写真を見つめるとき狂気に誘われもしよう。
このような矛盾した永遠の恐怖がここで
一度の露光から、笑みを浮かべている、
そして人間の肉体をその刹那と熱から押しのける。

ここには、人間によるヒト以外の動物の扱いへのコステロの応答のなかにダイアモンドが見いだす構造の原型がある。

詩のなかで描かれている現実を凝視するとき狂気に誘われるかもしれないと詩人は言う。コステロが凝視する「推定上の現実」は狂気に近いものへと彼女を誘う。彼女の反応は大げさであり、ヒト以外の動物の扱いを無条件にホロコーストへ結びつけるとき、とりわけ大げさなものになる。

両方の事例が体現するような種類の現実のむずかしさが生じるのは、私たちの出会うものが、私たちの通常の能力――つまり現実を理解（get our minds around）する能力、いいかえれば現実を言語によって捉える能力――を圧倒するときである。現実のむずかしさは、私たちが安住する本性（nature）――話す動物として、話す能力が可能とする方法で物事を理解（make sense）しうる動物として安住する本性――から私たちを押しのける。私たちに特有な動物の生活に対して疑問が投げかけられるのだ。それはまるでダムの前で立ち往生しているビーバーのようなものである。詩のなかでは、矛盾した恐怖が「人間の肉体をその刹那と熱から押しのける」。コステロにとって、彼女の特殊な事例としての動物の生活――すなわち言葉がヒトをヒト以外の動物から識別するマークとなるだけでなく、必要不可欠の要素ともなるような生活――を生きることが問題となる。身体的存在である彼女の動物としての存在がひとつの傷となる。

ダイアモンドがコステロを引きあいに出すことによって明確化しようと目論むものは、コステロがみずから現実であるとみなすものに応答しているかどうかとは関係がない。ダイアモンドもコステロが応答しているものを現実とみなしているが（だが彼女は錯乱せずにすんでいる）、その点は問題ではない。クッツェーによるコステロの描写からダイアモンドが読みとるものは――明らかにここで問題になっていることを飛び越してしまうけれど――およそこんなふうに述べることができよう。私たちの大半がふだん私たちと同じ仲間の生き物を食べているということが現実であり、そして、推定上の現実の定式化における「同じ仲間の生き物」のもつ意味と、ダイアモンドにとって、またおそらくコステロにとってその言葉のもつ意味とが同じであるとすれば、その現実をまっすぐ凝視するとき、私たちの肉体はその刹那と熱から押しのけられ、話す動物として私たちが安住する生活から私たちは押しのけられる場合もあるだろう。それが現実であるとは思わないにせよ、すなわちヒト以外の動物も同じ仲間の生き物であるとの見方を共有しないとしても、上記を理解することはできる。

エリザベス・コステロに対するダイアモンドの関心は、フィクションそのものにも、クッツェーのタナー記念講義を論じる評者たちにも等しく向けられている。(ダイアモンドの話題はタナー記念講義についてであり、小説についてではない。)評者は様々な論点から、ヒト以外の動物を扱う私たちの倫理的な地位についての議論を提示する枠組み——語り手クッツェーはその枠組みから距離をおくことができる——としてフィクションを扱う。これはダイアモンドが——カヴェルに従いつつ——「逸れ(deflection)」と呼ぶものの例である。クッツェーのコステロは、かならずしも健全ではないが、それなりに適切な仕方で、推定上の現実に応答する。推定上の現実は彼女を、話す動物として自分の生活に安住することから押しのける。評者たちはアカデミックな哲学の問題——単にむずかしさの種類が異なるだけなのだが——にすり替える。あれやこれやの議論の説得力はどれほどか。あれやこれやの反論は有効なのか。等々。

私たちによる他の動物の扱いを想像してコステロは錯乱する。ダイアモンドにとって、これは、他の知覚（あるいは推定上の知覚であるが、ここでも、少なくとも率直な意味では、それが正しいかどうかは重要ではない）へのいささか錯乱した反応――それなりに適切な反応ではあるが――と類似している。この別の推定上の知覚の内容は、人はある意味で独りであり、他者から理解されることがないというものである。この推定上の知覚を把捉しようと努めるとき、通常の言語レパートリーは役に立たない。こうして次のような言い回しが口をついて出ることになるのだ。「私がいま感じているこれを、ほかのだれかが知っているはずもない」。こうした言い回しは、ダイアモンドが関心をもつ仕方で人を錯乱させ、話す動物としての生活から人を押しのけるような知覚を表現するよう言語に強いる必死の試みである。

　私たちが自分にとって自然な生活を生きる能力を失うという感覚にかんする事例は、アカデミックな哲学においては、平凡な哲学的問題に帰着するような争点へと逸らされる――すなわち、他人が私たちの内面生活について下す判断には十分な証拠があるのだろうかとか、あるいは対称的に、私たちが他人の内面生活について下す判断には十分な証拠があるのだろうかといった争点である。

　ウィトゲンシュタインは「私が感じているのはまさにこれであるということを他人は知ることができない」と言うことによって表現される願望、すなわち自分自身にのみ理解できるような言語をもちたいとの願望に対する広範囲な治療を行った。標準的な解釈によればこうだ。彼はそうすることで、私たちが互いに下す判断の基盤の強さにかんするアカデミックな問題に疑問を投げかけている。この場合懐疑論は回避できないという点から見れば、単なる知的失策を暴いているのだ。こうした解釈は、クッツェーのタナー記念講義に対する評者たちの応答がそうであるように、逸れの事例である。それは肝心な点を見ていない。ウィトゲンシュタインの治療が対象とする衝動は、自分の発した言葉が自分を裏切っていると感じるがゆえに、話す動物としてみずからに分け与えられた生活形式を具体化する能力を喪失していると感じるがゆえに、錯乱を余儀なくされているのだ。

経験的知識一般に対する懐疑論へのアカデミックな治療法も同じような視点から見ることができる。そうした治療法は、知覚へのあるいは推定上の知覚への応答——錯乱してはいるが、ここでもそれなりに適切な応答——からの逸れである。ここでいう知覚は、そうした経験的知識において私たちは徹頭徹尾世界のなすがままであるとの理解、いわば物事を経験的に知る者として私たちは有限で従属的な存在であるとの理解から構成される。

上記は、カヴェルが哲学的懐疑論の意義として説明する非常に簡潔なスケッチである。ダイアモンドの論文においてクッツェーのコステロが果たす役割は、コステロの錯乱した知覚が現実の知覚であるかどうかという問題を提起する。この問題はすなわち、肉食はコステロが見ていると思っているものであるかどうかという問題であり、それはもちろん私たち肉を食べる者がその習慣を続けるべきかどうかにかんする様々な含意をもつであろう。ダイアモンドにとって、クッツェーのコステロが果たす役割は、カヴェル自身の考えによれば、むしろ哲学的懐疑論の核心をなす孤絶性と有限性に対する錯乱した知覚の類似物を提示することにある。そしてダイアモンドにとって、クッツエーの評者たちが果たす役割は――こちらも同じくらい重要である――、アカデミックな方法による哲学が、カヴェル自身の解釈によれば、懐疑論とのかかわりにおいて真に問題となるものから退避するその仕方の類似物を提供することにある。

CONCLUSION

DEFLECTIONS

Ian Hacking

むすび

逸れ

イアン・ハッキング

コーラ・ダイアモンドの論考は読む者を深く動揺させる。考えさせ、立ち止まらせる。そして、よく飲み込めぬうちに口を開くことを許さない。

エリザベス・コステロはアップルトン・カレッジでこう切り出している。

同じ人間に語りかけるための、熱烈であるより冷静、論争的であるより哲学的な話し方を（……中略……）見つけたいものです。そういう言葉を利用することもできます、それは分かっています。そういう言葉を使うのはアリストテレスやポルフェリオスであり、（……以下略……）[1]

固有名詞の列挙はこのあとトム・リーガンまで続く。

その言葉は哲学的なもので、動物はどんな魂をもっているのか、動物は論理的に判断するのかそれとも自動的に反応するだけの生き物なのか、動物が私たちにかんして権利をもっているのか私たちが動物にかんして義務を負っているだけなのか、といったことを論じたり熟慮したりできる言語です。

コステロが最初の講義で使っているのはこの言語である。しかしそれでは用が足りていない。彼女は別の語り方を必要とする。この方向でダイアモンドの論文タイトルを理解するのもひとつの方法だ。現実のむずかしさが存在する。それは堅すぎて哲学の言語では歯が立たない。そこに哲学のむずかしさがある。

ダイアモンドの論文は単なる注釈をはるかに超えている。むすびの言葉に注意してほしい。「思考と現実とがばらばらであるという事実はどれくらい生身の人間に属することなのか」。私にはまだこの言葉の意味がよく飲み込めていない。

ダイアモンドの論考の後半はスタンリー・カヴェルによる哲学への貢献がどのような本性をもつかについて重要なことを述べている。彼女へのカヴェルの返答も重要なことを述べている。ジョン・マクダウェルはカヴェルによるダイアモンドの読解を正し改良するためにいくつかの論点を提起している。ありがたいことにマクダウェルはまた、どういうふうに彼女の思想のある部分が私たちをカヴェルの初期の哲学のある部分に連れもどすかを示す。上記の点にかんし私はただ感嘆するにとどめ、横から口をはさもうとは思わない。

1　哲学的な対話

ここに収録された三つの論考のどれひとつとして動物を論じてはいない。マクダウェルがカヴェルに注意を促しているように、ダイアモンドは彼女のいうむずかしさを例示するための二番目の文献資料としてクッツェーの『動物のいのち』を利用しているにすぎない。彼女がそうするのは、講義中の講師つまりエリザベス・コステロがどういうふうに「傷ついた動物」であるかを示すためである。彼女はまた（ここでもマクダウェルを参照）「タナー記念講義」に対するコメントを求められた知識人のうちの何人かを利用して、彼らはクッツェーがコステロの口を借りて自分自身の信念や実践を述べているのだとみなすことによってどのようにクッツェーから逸れるかを示す。

にもかかわらず動物が本書の基調を決定づけている。『〈動物のいのち〉と哲学』という謎めいたタイトルがそれをはっきりと告げている。ダイアモンドの論文を読んで私たちが思いを馳せるのはたぶん動物だ。なぜなら彼女がよそで発表した動物についての論考は、英語圏にあって、同時代のだれの追随も許さぬ果敢な哲学であるから。[2] 彼女の論考を背景におくと、クッツェーの哲学的対話の重要性が浮き彫りになってくる。じっさいコステロの最初の言葉は、すでに指摘したように、ダイアモンドの関心事のひとつへの導入となるだろう。

哲学的対話？ そのとおり。クッツェーは多才な人である。対話形式の技量という点で『動物のいのち』は思い出せるかぎりのどの哲学者の技量よりも優れた技量を示している。クッツェーの講義をプラトン流の対話と呼ぶことは、すなわち、そこに中心的な語り手がいて、その語り手が主張する命題は著者のそれであると示唆するに等しい。単純な人ならばさらにこう推論するかもしれない。クッツェーがベジタリアンで、また中心的な語り手のエリザベス・コステロもベジタリアンであるのだから、コステロはクッツェーが菜食主義を表明するための形象であると。お生憎様。これは偉大な小説家の手になる哲学的対話なのだ。彼女の論文の註記（8）と（16）が詳しく述べているところだが、ダイアモンドはこの対話がもつ哲学的な著述についてのさらなる含意に注意を促している。

クッツェーの二つの講義は別の意味においても対話である。すなわち詩と哲学のあいだの対話だ。この二つのあいだの争いはプラトンそのひとによる対話形式のなかで始まった。クッツェーの最初の講義は「哲学者と動物」と呼ばれ、二番目の講義は「詩人と動物」と呼ばれている。二番目の講義では二つの重要な詩が引きあいに出されている。テッド・ヒューズが生き生きと〈ジャガー〉を描写したものだ。[4] そこに、目の前に、純然たる動物のいのちがある。計りしれない力を秘めながら、単なる人間の手で檻に入れられ、笑いものにされている。この一節は最初の講義におけるトマス・ネーゲルへの反駁を補強するためのものだ。コステロはコウモリであるとはどのようなことかが分かるというのだから。それは、まず第一に、いのちに満ち溢れること、コウモリとしての生活が充溢すること、コウモリであるという喜びそのものになることである。格段にうまい表現を彼女から借りれば、

生きているコウモリであるということは、充足した存在であるということです。充足した存在としてコウモリであるということは、充足した存在として人間であることと同じで、それもまた充足した存在なのです。最初の場合はコウモリとしての存在、二番目の場合は人間としての存在でしょうね、たぶん。でもこれは副次的な考察です。充足した存在であるということは、肉体と魂がひとつになって生きるということです。充足した存在であるという経験のひとつの呼び名が喜びなのです。[5]

ケアリー・ウルフの「序」にかんし、ここでひと言言っておく必要がある。コステロは「一度にほ

んのちょっとのあいだなら、私は死体になるというのがどんなことか分かります」と言う。[6] ウルフはこの一節を（「ほんのちょっとのあいだなら」を省いて）利用し、〈死〉や〈他者〉ついての瞑想を始めている。彼はダイアモンドが利用したその一文を引き取って私たちに人間の傷つきやすさを気づかせようとする。しかしクッツェーはその一文を〈生〉と〈喜び〉への導入として利用したのだ。その議論はこうである。もし私たちがつかの間の複雑な省察により死体になるというのがどんなことか分かるとすれば、私たちはなおいっそう容易にコウモリであるとはどのようなことか分かるであろう。ここでもまたコステロ自身の言葉を借りよう。「さて質問です。もし私たちがみずからの死について考えることができるなら、いったい全体どうしてコウモリの生活について考えることができないなどということになるのでしょうか[7]」。これは哲学的な議論が対話のなかで試され、よい例である。ダイアモンドによれば、クッツェーが書いているのは哲学的対話をはるかに超えたものである。しかしプラトンが始めた対話形式は駆け引きに満ちており、クッツェーがそうした対話の駆け引きをすべて利用しているのを忘れてはならない。

ダイアモンドはふたりの詩人を引きあいに出していた。彼女はこの論文をまっさきに文学言語の学会で発表し、ついでカヴェルを称える学会で発表した。哲学と詩の争いにおいては彼女もまた暗黙裡にプラトンに抗する側の陣営にくみしたのだ。それは、クッツェー自身が行なった特徴のある二つの講義を取り込むうまいやり方である。

私としては本書の初めのほうのどこやらから聞こえてくる陰鬱な死の基調からは逸れたいと思う。死には興味がない。興味は生にある。私たちはヒューズの詩で始めるダイアモンドに嫌な予感を覚える。クッツェーとコステロもヒューズの詩を二つ利用するが、それはたとえ檻に囚われの身であっても生の誇り、存在の喜びに溢れることを実感させるためである。たしかに私たちは囚われの身だ。鉄格子によってではなく、人生の両端にある虚無によって。しかし私たちは、生を檻に入れる死をひたすら案じながら、同じところをぐるぐる歩き回る必要はない。コステロはヒューズの詩をリルケの詩「豹」の反復（リフ）とみなしている。死の前で私たちは「格子のせいで無理やりぐるぐると同じところを歩き回るしかないために、意志が鈍り麻痺してしまう」[8]豹である必要はない。

2　現実——むずかしさとしての

ダイアモンドが詩人や小説家を利用するのは、私たちにある種の現実を経験させるためだ。テッド・ヒューズの詩は六人の若者が生に満ち溢れる——そしてスナップ写真を撮ってまもなく死ぬことになる——一瞬を私たちに気づかせる。チェスワフ・ミウォシュはただそこにあるにすぎない美のいわく言いがたさを提示する。ルート・クリューガーは他人が見せる理解しがたい善良さに私たちを直面させる。

そしてクッツェーの登場である。彼はエリザベス・コステロが繁殖と畜殺によってねじ曲げられた動物のいのちに取り憑かれているさまを描く。彼女はみずから強く意識する現実を前にして取り乱す。食肉産業に、動物の生活をいのちに溢れたものとして認識し尊重することのできない私たちの未熟さに、人間が始めた愚劣な動物実験に、そして動物に対する私たちの尊大な考え方に、彼女は疲労困憊する。彼女が嫌うのは、ペットを除くほかの動物に対しつねにまったくの無関心しか示さない私たちの態度である。ここでの「私たち」とは「私たち大人」という意味であって、子供はふくまれない。

〔上記四者の〕どの場合においても、現実が恐怖や崇高の念によって詩人や小説家を立ち止まらせ、驚嘆させ、驚愕させる。そして感受性の鋭い読者は彼らの作品を読むことで瞬時にそれを把握する。ダイアモンドが経験するのは、そうした現実がただそこにあるということなのだ。しかしスタンリー・カヴェルとジョン・マクダウェルとは、非常に異なる仕方で、それへの警戒を露わにする。カヴェルの警戒は、相貌（アスペクト）を見る（これを現実として見る）という何らかの観念をもちこむ必要があるだろうかという疑念となって表れ、マクダウエルの警戒は推定上の現実に訴えるという形となって表れる。

3 ……として見える

ダイアモンドの論考についてはまず「相貌を見る」という観点から考えてみてはどうかとカヴェルは提案する。その理由の一部はこうだ。コステロの動物観を共有するために必要なのは、より多くの情報ではなく、物事を見る異なった視点である。私たちは結局そのすべてをすでに知っているとカヴェルは示唆する。それに対しマクダウェルは、人間の食物のための屠殺にかんする大量の情報が一般には知られていない、またそうした情報の多くが周知されればコステロに共感する人が増すかもしれないと正しく指摘する。いずれにせよ、「見る」と「相貌を見る」と「新たな情報」とのあいだの関係は微妙で捉えにくい。そこで私は三つの例を挙げて、カヴェルが引くウィトゲンシュタインの考えすなわち「膨大な数の相互に関連する現象と可能な概念と」がどのように働くかを説明しようと思う。多くの人はウィトゲンシュタインの主張をもっぱら「あひる‐うさぎ」の図から理解しようとするが、かならずしも当を得ていない。カヴェルによればトマス・クーン（ゲシュタルト転換のクーン）もそのひとりだ。クーンにかんしては「相貌を見る」の再生バージョンと呼んでいいだろう。パスカルの回心（これを引きあいに出したのはただ違いを際立たせるため）は、少しずつ、それぞれ別個に、経験を積み重ねるようにして発現する。

クッツェーの『少年時代』から一場面を引いてみる。この著作が刊行された時期は一九九七年と一九九八年に「タナー記念講義」を行なった時期にほぼ重なる。彼はそれをノンフィクションに分類している。以下はその冒頭第二パラグラフからである。

庭の奥に養鶏場として囲いを作り、雌鶏を三羽飼う。自家用に卵を産ませるつもりなのだ。ところが鶏の成育がはかばかしくない。雨水が粘土質の土にしみこまず、あちこちに水たまりができる。養鶏場は汚臭を放つ泥沼と化す。鶏の脚には腫れものができて象皮病のようだ。病気がちで不機嫌な鶏たちは卵を産まなくなる。その子の母親がステレンボッシュに住む姉に相談すると、姉は、鶏の舌の裏にできた角質部分を削り取ってやればまた卵を産むようになるという。そこで母親は鶏を一羽ずつ両膝にはさみこみ、肉垂れを圧しつづけて嘴を開き、果物ナイフの先で舌を突いてみる。鶏は目を剥いて鳴き叫ぶ。その子はぞっとして背を向けるなりその場を離れる。彼の心に、母親が台所のカウンターで、シチューにする肉を叩いて四角く切り分けるところが、母親の血だらけの指がうかんでくる。(9)

ここには工場畜産はない。ケープ州の干上がった高地に退屈な住宅団地があって、その一角で三羽の雌鶏が飼われていたというだけである。

少年はぞっとして背を向けるなりその場を離れる。彼はそこに見えるものを見る、しかし、以前は見えなかったものをも見る。つまり血だらけの肉片と、血だらけの母親の指とを。庭にいた三羽の鶏と同じように、かつては生きていたものの肉と血とを。彼はそれを「血」として見るのではない。彼はそれをあるがままに血そのものとして見るのだ。その経験が一生涯クッツェーにつきまとう。新しい情報は何もないが、彼の目が開かれるのだ。

次の例はあまり知られていないが、食肉産業にかんする単純な事実である。アメリカの商業的に畜産された七面鳥は生物学的にはもはや自力生存の能力がない。雄の七面鳥は過剰な餌を与えられて体重が増え、よたよた歩くのが精一杯で、雌と交尾することもできない。雄が雌のうえに乗ると、雌は押しつぶされて死んでしまうからだ。こうしたことはおぞましくも動物のいのちを辱める光景に見えるがゆえに、少なくとも、七面鳥産業にかかわりたくない、祝宴の席では七面鳥を避けたいなどと思うかもしれない。

上記はマクダウェルの論点を有利にする明快な例となるように見える。これは新たな情報であって、アメリカの感謝祭の「相貌を見る」というものではない。しかし慌ててはいけない。この現実を、おぞましいものとして、恥ずべきものとして、鳥類だけでなく、この哀れな家禽を作り出した私たち人間をも辱めるものとして経験しなければならないのか。そういう見方は、肉の大好きな金持ちの人間に低脂肪のタンパク質をあてがう効率的方法を見ているだけではないのか。進化論的生物学の観点から見るならば、種としての七面鳥（学名 *M. gallopavo*）はいまや人間という種と良好な共生関係を保ちつつ――後者は前者に、生殖サイクルの一部として必要な人工授精を提供している――繁栄していることになる。物事をこのように見るならば、この進化論的な出世物語――この物語は鳥を飼う中央アメリカ文明から始まった――に貢献する宗教的慣習、すなわち、たれを付けて焼き、切り分け、そして食べるという儀式に参加したいと思うかもしれない。

こうしたことはすべて物事をどのように見るかによって決定されるのだろうか。たしかに、目を背けるような七面鳥と進化論的な出世物語の七面鳥とを交互に切り替えて見ることができるのだから、古典的な相貌論（「あひる－うさぎ」「として－見える」）とみなすこともできよう。しかしそうではない。カヴェルはこう指摘する。コステロとダイアモンドが愕然とする理由は、動物をどう扱うかにあるだけでなく、動物を食べる人間の広汎な無関心にもある。カヴェルは異なる二つの世界観について考えてみてはどうかと提案する。まったくそのとおりだが、微妙に食い違う点が数限りなく出てくるのも事実だ。注意深い人も十人十色であって、影響の受け方も十人十色なのだ。

動物にかんする英語圏の哲学がたいてい個体レベルでなされている（分析哲学においては他の多くの点でもそうだが）のは不思議なことである。たとえ群れをなす動物を一斉に殺すような場合でも、ある個体の苦痛や死の観点から議論が立てられるのだ。私は種について指摘した。カヴェルは「食品製造のための動物のブリーディング」を話題にする。「ブリーディング」には「飼育」や「繁殖」の意味があり、さらに新種の動物を作り出すという意味もある。七面鳥の場合でいえば、私たちの創作として、新種の鳥を作り出したのだ。ちょうど牧畜業者がホルスタイン種やガンジー種の乳牛を作り出したように。とすれば、こうした鳥は人工授精によって品種改良(「ブリーディング」の三つ目の意味)されたのである。

いまでは遺伝子操作によって新種を作り出す過程は加速されている。オンコマウスは遺伝子を組み換えられたマウスで、子供でも癌になりやすく、可能な癌治療のテストをするのに便利に使うことができる。遺伝子操作と動物の権利にかんする論争のなかに、私たちが生み出した怪物、すなわち何百万羽もの七面鳥の化け物や、病気になって苦しみ、やがて死ぬように意図的に作られた何万匹ものマウスの化け物の心配をしているものはほとんどない。特許の期限が切れるまでオンコマウスの一匹一匹につき漏らさず使用料をとるハーバード大学にだれもピケを張りはしない[10]。

最後の例としてテンプル・グランディンによる情報を取りあげよう。これは私にとって新しい情報だ。彼女は哲学者ではない。彼女は自閉症であったが、動物がどのように考えどう感じているかをほかのだれよりも的確に理解できるのは自分の異常な体質のおかげであるとの自覚と大いなる勇気をもって自閉症から抜け出した人である。彼女はほとんど全米の屠殺場の慣習を改めさせた。そしてその過程で、動物が死の斜路を降りていく最後の歩行から恐怖を取り除くようにした。彼女は動物がもっと穏やかに闇のなかへ入っていけるように、動物として、もっと威厳のある仕方でみずからの最期を迎えられるように尽力した。

彼女は動物と感受性を分かちあうことによってそれができたと言う。自閉症の人と動物は言葉ではなく映像で思考し経験すると彼女は主張する。[11] 彼女がもたらした重要なことのひとつを実行するのに自閉症的な感受性が必要だったかどうか私には分からない。しかし、あるひとりの自閉症の人だけがその種のことをするための感覚をもっていたのは事実である。彼女は四つん這いになって、みずから最後の通路を匍匐してみる。通路を通り抜けるとき、どの点が恐ろしいかに気づくのだ。彼女の提言は広く受け入れられた。恐怖を呼び覚ます角度、暗がり、まばゆい光、唐突な物音などが取り除かれたり緩和されたりした。もちろん畜殺業者にとっては金の問題がある。威厳など知ったことか。しかし動物が死ぬ途上で恐怖に身がすくめば、旧式の生産ラインが発作を起こしたようなもので、生産効率が悪くなる。

屠殺場を比較的「人道的な」ものにする点でグランディンがどれほど成功しているかは、屠殺される家畜が恐怖を感じるがゆえに、家畜を最後の場所へ追い立てるのに電流の通じた牛追い棒を使う必要があるのは四頭のうちの一頭のみであるという事実によって測られる。してみれば、私にとって新しい情報の実質は以下のようになる。屠殺場は、屠殺される動物のうちの四分の一をしか電気ショックで誘導する必要がないならば、人道的であると判断される。彼女は事務的な仕方でこう述べるのだ。彼女は動物愛護の活動家ではない。積極的に動物の死に方を改善した人にすぎない。

彼女の情報はとくに強調されていたわけではない——その反対である——が、私の注意を引いた。彼女の情報は私がすでに知っている、食肉加工にかんする身の毛もよだつような事実に付け加えるものをたいしてもたない。しかし私はそれを強烈に経験した。私たちはいま四頭の獣のうちの一頭だけを殺すまえに拷問する必要がある。こう言ったからといって私はもうとう彼女の達成を軽視したいとは思わない。いやそれどころか彼女は動物の死を改善するために、いかなる哲学者よりも大きな仕事をしたのだ。

私たちは人間を拷問にかけるときに電気が使われたこと（睾丸に電極を刺す等々）を記憶している。だから私はあえて「拷問（torture）」という語で彼女の情報を言い直してみた。しかし私には、彼女の情報そのものが何か効果をもつときに所期の目的が達成されるように思われる。実際のところは、どうやら何の効果ももたらさなかったようだ。大方の読者はこの情報に注意を向けない。グランディンの本は飛ぶように売れ、何か月も『ニューヨーク・タイムズ』紙の全書籍部門売り上げトップテン・リストに載っていた。しかし私はこれまでに、死の列に並ばされる動物のうち電気棒で追い立てられるのはわずか四分の一にすべしという業界規準が話題に上ったのを聞いたことがない。

物事を違ったふうにあるいは新たな目で見ることに、どの程度、道徳的な要素を認めるべきだろうか。クッツェーの描く場面にあの少年とともに戦慄を覚えることのない人、本来の七面鳥からかけ離れた七面鳥を作り出してしまった私たちの所業に愕然とすることのない人、去勢仔牛の最期の数分間を人道的に扱う現在の基準にうろたえることのない人、そのような人はどこか間違っている、道徳的な資質に欠けたところがある（と私には感じられる）。

4　推定上の現実

マクダウェルは「として見る」が上記の現象を正確に分析するものだとは考えない。コステロの直面する「現実のむずかしさ」を理解するには、物事を彼女の見方で見る必要はない。私たちは彼女の見方を共有する必要はない。繁殖、生産、畜殺、包装そして食肉に対する彼女の恐怖を共有する必要はない。私たちが理解しておく必要があるのは、コステロが現実だとみなしているものだけである。マクダウェルはそれを推定上の現実と呼ぶ。彼女のむずかしさを説明するにはそれで十分というわけである。

マクダウェルによれば、この推定上の現実に反応するコステロは「かならずしも健全ではない」。彼女はその現実のせいで「錯乱」している。コステロの義理の娘ノーマの反応を見るとそれがよく分かる。ところで私としては、クッツェーの本を読んだとき、コステロを健全以外の何ものでもないと思った。彼女はたしかに傷ついてはいる。だが錯乱しているだろうか。しかし、正常(ノーマル)な仕方で、つまりノーマ流の仕方で、彼女をちょっと錯乱しているものとして扱ってみよう。
マクダウェルは相対主義への誘惑、すなわち現実が恐ろしいのは「彼女にとって」であって、かならずしも「私たちにとって」ではないという誘惑を避ける。現実は恐ろしいものであるか、あるいはそうではないかだ。どちらであるかとの問題をわきにおこう。コステロが現実とみなしているものそのものが恐ろしいのである。それで十分である。この推定上の現実になぜ彼女があのように反応するのかを、私たちはあれやこれやの理屈抜きに理解することができる。

ここからは、なぜ「推定上」という視点が役に立たないかの説明である。

「推定上の現実」と「錯乱」と「かならずしも健全でない」の三つが同じパラグラフにあると衝突は避けられない。「錯乱する（unhinged）」は「狂乱する（deranged）」の類義語だ（『オックスフォード英語辞典』は前者の語義のひとつとして後者を採用している）。「狂乱する」は「発狂する（mad）」の類義語だ。現実を把握する力がきわめて弱く、それに伴って生じる狂気の形態がいくつかある。発狂した人のなかには妄想に苦しむ人もいる。妄想は発狂した人の推定上の現実である。妄想型統合失調症の軽微な兆候をすでに発症している人は、SF『ボディ・スナッチャーズ（盗まれた街）』のように、十代のわが子の心が（したがって体も）エイリアンによって占領されそうになっているとの確信をしだいに深めていく。（多くの親が認めるであろうが、彼の確信は彼が経験しているものとけっして矛盾しない。）そこで彼はわが子が学校に行くのをやめさせ、わが子を四六時中監視下におき、どんなエイリアンが現れようがひとめで見抜くことのできるような山中の丸太小屋に家族を移動させる。彼の妻は自分と子供の正気を守るため、ついには子供を連れて山小屋を出ていかねばならなくなる。つまり妻と子供はエイリアンによって拉致されたのだ。この男のもつ推定上の現実は――もし現実であったとしたら――どんな父親をも錯乱させるだろう。しかしこの男は自分の推定上の現実によって錯乱させられているのではない。こうした妄想、こうした推定上の現実は、彼が錯乱していることを示す。

コステロが錯乱していることを示すのは彼女の推定上の現実だろうか。そうではなくて、彼女は彼女の推定上の現実によって錯乱させられているのか。

もちろん後者である。明らかに後者であるためには、推定上の現実があるがままの事実である、つまり現実そのものであると想定することが合理的でなければならない。コステロは、身の回りで起こっていることへの彼女の信念が合理的であるような世界や現実のなかで生きている。もしコステロがそうした世界(つまり私たちの世界)のなかで生きているのならば、彼女を錯乱させているのは現実そのものであって推定上の現実ではない。

おそらく私たちは、現実のむずかしさについてではなく、経験された現実のむずかしさについて、経験されたものとしての現実について語るべきなのだろう。そうすればエリザベス・コステロが抱く食肉産業への恐怖、彼女がじっさいに経験している現実への恐怖を首肯することができる。

山小屋にこもった狂人とは違う。なぜなら妄想は経験された現実ではないからだ。当人にとって、それがどんなに辛く苦しい経験であろうとも。こう考えたほうがダイアモンドの趣旨に沿っていると思いたい。マクダウェルやカヴェルには申し訳ないが。

5 有刺鉄線

クッツェー／コステロは明らかに、ホロコーストとの比較を前面に出すことにより、まんまと人々の動揺を誘うことに成功した。コステロは「大げさすぎる」とマクダウェルはきわめて公正に記述する。ケアリー・ウルフは本書の「序」をクッツェー作『恥辱』の主人公ルーリーを引きあいに出しながら書き起こしている。この作品の最後の数頁は驚異的である。ルーリーは足を引きずった犬を殺す。彼はそれまで自分自身のいのちを（そして犬のいのちをも）その犬とともに取り返しつつあったのだが。万が一にも誤解されないように、クッツェーはこう書く。ルーリーと獣医は「消す、（*Lösung*）業務に取りかかる」[12]。もちろん「*Lösung*」は最終的解決や大量殺戮を表すドイツ語だ。

クッツェーがホロコーストとの比較をもちだすのは短絡的だと考える人は、この数頁を読むべきだ。コステロは突拍子もないと考える人は、まだ何も見ていないのだ。『恥辱』の最後から二番目の頁にはこうある。「いまでは、手にかけようとする動物に自分の注意のすべてを集中することができるようになった。そして、その動物に、それを固有の名で呼ぶことにもうむずかしさを覚えなくなったもの、すなわち愛をささげることを学んだ[13]」。

この作品はタナー記念講義がそうであるように死を第一義的に扱うものではない。むしろ尊厳が問題なのだ。この本の少しまえの部分でルーリーは、彼が手にかけた動物たちを、病院の廃棄物や、車に轢かれた動物の腐肉や、革なめし工場から出た不潔な残骸のそばに放置しておくことができない。「彼には手にかけた動物にそのような辱めを与える覚悟ができていない[14]」。彼には、死後硬直により硬くなった犬が、数日後、焼却炉にうまく収まるよう作業員によって叩き割られるのを見ることができない。そこで彼は死んで間もない遺骸をみずから焼却炉まで運ぶのである。「犬のために？　だが犬はもう死んでいる。どのみち犬に栄辱の何が分かろう。では自分自身のため。彼の世界観のため[15]」。私たちは、肉を食べないのは道徳的信念のためではなく自分の魂を救いたいからだと言ったコステロを思い出す[16]。

もちろん魂を救うため（コステロは魂という言葉を十五回使っている）。だが仲間の生き物に対する尊敬の感覚のためでもある。ルーリーは「確信する、犬は最期が来たのを悟っているのだと。処置は静かで痛みもなく済んでしまうのに（……中略……）、殺したばかりの死体をつぎつぎと縛りつけて入れておく袋は気密性であるのに、裏庭にいる犬たちはなかで何が起きているかを嗅ぎつける。彼らは耳を寝かせ、尾を垂れる。まるで彼らも死の辱めを感じているかのように[17]」。

グランディンが屠殺場近くの裏庭にいる動物たちから感じとるのは明らかにこれと同じ知識だ。辱めは死にのみあるわけではない。七面鳥は大きく改良されすぎて歩くことも交尾することもできない。動物のいのちへの侮辱は恐るべきことである。私たちはいかなる尊厳をももつことができない種を作り出してしまったのだ。

本書に集められた三つの論考と序とが問題としているのは、動物の扱いにおける死であり、さらに大量殺戮への無関心であるように思われる。クッツェーはもっと微妙な含みをもたせている。同じようにコステロがぞっとしているのは、ケーラーの猿の実験や、タキシードを着せられたカフカの赤ら顔のペーターである。完全に尊厳を失ったカフカの赤ら顔のペーターはチンパンジーであるが、ケーラーの猿スルタンに匹敵する。ここでもまた、コステロの（あえていえば、たぶんクッツエーの）信念体系（イデオロギー）にかかわる「膨大な数の相互に関連する現象と可能な概念」を思い出す。

相互に関連するものをさらに紡ぎ出すために、リヴィエル・ネッツの驚嘆すべき著作『有刺鉄線（*Barbed Wire*）』[18]を見てみよう。この本を読めば、物言わぬ動物に鋭い傷を負わせながら、大平原で牛を囲い込んだり締め出したりするために有刺鉄線の発明がどんな役割を果たしたかが分かる。こうして大西部は人間の所有するところとなり、またこうして米国の鉄鋼業界は立ち上がったのである。やがて英国が南アフリカで強制収容所を発明し、一九一四年には世界大戦が勃発する。どちらも有刺鉄線網が大きな役割を果たす。この戦争は塹壕戦というよりはむしろ鉄条網戦の様相を呈していた。(ヒューズの若者のひとりは「〔攻撃の最中に撃たれ〕鉄条網のなかに倒れて叫び声をあげた、それから彼の親友、この男は/彼を運び入れようと出て、同じように撃たれた」。)もちろんホロコーストや矯正労働収容所(グーラーグ)には鉄条網が不可欠だ。ネッツの本は短くも動物のための無言の絶叫をもって終わる。それはコステロの叫び声より皮肉な声であるが、同じように感動的である。

6 一九一四年、その他もろもろ

テッド・ヒューズの詩「六人の若者」は動物にもホロコーストにさえも直接の関係は何もない、と私たちはみな考えていた。ネッツによって、残虐な行為や野蛮な事象のあいだに厳密な歴史的関係があることを気づかされるまでは。

ヒューズの詩に対する私の反応を私自身が信用していない。これは全面的に個人の問題であるわけではなく、情報の問題——現実について何を知っているか、現実をどのように経験するか——にかかわっている。いくつか明白な事実を指摘しておこう。

若者たち、彼らに迫る死、愚かな戦争、詩そのもの、これらが現実のむずかしさの内実である。マクダウェルは一九一四年との関連を指摘する。「いかなる死もひとしく無意味であるが、こうした若者たちの死はそれ以上に無意味である」。(マクダウェルも私も、もちろん詩人ヒューズも、第一次世界大戦が無意味な愚行であったという考え方をもっている。第二次世界大戦において忠実な兵士であった私の父をふくめ、多くの人はこの考え方を認めないだろうが。）

六人の若者がパーティーで深酒をしたその帰途、木に車を激突させて死んだとしたらどうだろう。まったく違う別の詩が必要になるだろう。新たに場面設定のほどこされた詩をいくつか想像することができる。マクダウェル自身はもっと含みのある調子でこう言っている。六人が長生きして充実した人生を送ったのちに死んだのなら、その写真を主題にする詩は異なったもの、もっと書きにくいものになるだろう、と。ほんとうにそれで、彼がことば巧みに言うような増幅作用や押しのけられる感覚が生まれるだろうか。

二〇〇五年一月八日に撮られた四人の英国人男性のスナップ写真――実は携帯電話で撮られたデジタル映像なのだが――についてはどうだろう。まだ若い部類に入る彼らの履く靴はぴかぴか輝き、恥ずかしげな者もいれば、過剰な自尊心に満ちあふれた者もいる。まさにその六か月後、四人はみな死ぬことになる。彼らが爆破したロンドンの地下鉄でその犠牲になった他の五十二人の乗客とともに。どの場合も、写真のなかに埋め込まれているものの豊かさこそが、何か意味のあるもの、あるいは大詩人が詩の主題にできるものだ。大事なのは知識だけではなく、もっと一般的なオーラの漂う意味である。ヒューズの詩は、かなり限定された範囲の読者すなわち一九一四年が何か重大な意味をもつ人々にとって、もっとも大きな意味をもつ。無意味な戦争における若者の死はむごたらしい、しかし、その含意のすべてをもってしても彼の詩は、南北朝鮮の片方の一市民にとって——潜在的な戦争の可能性がどんなに高かろうと——大きな意味をもつだろうか。

マクダウェルはこう指摘する。カヴェルはダイアモンドが冒頭に引き彼女の論考をかくも力強く始めたその詩を論じていないと。カヴェルの寡黙さにはもっともな理由がある。彼はアメリカ神話の巨匠であって、異国の神話に感情の重みを見いだすことはない。数世代がもつ英国神話において一九一四年はとても大きな位置を占め、かろうじて現在まで命脈を保っている。アメリカの自己認識において、一九一四年が同じような役割を果たすことはけっしてない。

エリザベス・コステロの言葉を借りれば「これは元植民地人（ex-colonial）の反応としてみなさんが期待しているかもしれない見方です[19]」。彼女はオーストラリア人である。私の想像では、「元植民地人」とは「かつて植民地人であった人」ではなく、「かつてはヨーロッパの白人の植民地であり、その痕跡を多く残している国で生まれた人」といえば正確な説明になる人を意味している。一九一四年、あるいはむしろ一九一五年という年は、オーストラリア神話の中心にある。四月二十五日のアンザック・デーは国民の祝日で、ガリポリの戦いで戦死したオーストラリア人兵士の追悼が行なわれる。この戦闘は偶然にもヒューズの六人の若者が死んだ時と場所を正確に同じくする。その年はカナダ神話においても重要である（適宜変更すれば、ヴィミー・リッジの戦いとなる）。第一次世界大戦を戦った最後のカナダ人兵士が百十歳まで生きたら国葬を行なうという（ばかげた）

運動が進行中である。二十一発の礼砲、総督、そして馬にまたがった数多くのカナダ騎馬警察隊員。休戦記念日には、その後の戦争で兵役についた復員軍人がいまでも路上でケシの花を売っている。(「フランダースフィールドでは風に吹かれたケシの花が／何列にもわたって並ぶ十字架のあいだを飛んでいく」——一九一五年五月、イーペルの戦いでカナダ人衛生兵が書きとめた詩の冒頭)。十一月の初めに講演をするためトロントへやって来るアメリカ人は「なぜ、あなたがたの襟には小さくてかわいい赤い花が付いているのか」とけげんそうに訊く。詩に対する私の反応を私自身がなぜ信用しないかを示唆するために、私はたぶん十分多くを語った。マクダウェルは元植民地人である(南アフリカ出身)。クッツエーも同じ。もちろんダイアモンドは違う。しかし彼女は、私が学んだ時期とほぼ同じ時期にオックスブリッジで学んでいる。たぶん彼女は上記の神話に曝されたであろうと私は推察する。

都合のよいことに私は偶然テッド・ヒューズみずからがこの詩に説明をくわえている文章に出会った。一九七六年、ニュージーランドで彼はこう述べている。

これは六人の若者の写真をめぐる一種の瞑想なのです。その写真は、私が住んでいた家のすぐ下にある谷で、第一次世界大戦が勃発する直前に撮られたのです。ここに写っている六人の若者はみな父の友人でした。そして戦争が始まり、この写真は家族写真の一枚になったのです。

ですから私はこの写真を手にとって見るたびに、ここに写っている若者についての話を何度も繰り返し聞いてきました。（……中略……）全員ヨークシャーの人ですが、ランカシャー・フュージリア連隊に入りました。つまり彼らはみな同じ歩兵中隊に所属したのです。彼らはみないっしょに訓練を受け、みないっしょに戦地へ向かったのです。彼らはともに戦かった、だからともに死ぬことになったのです。ですから、これはいわば、おとぎ話のようなもの、まだ若かった私の作り話ですし、この男たちについて私が子供のころに聞いた逸話をめぐる詩にほかなりません。[20]

その夜遅くヒューズは三部構成の詩を詠んだ。「第一部を私は『夢の時間』と呼んでいました。そして最後の部は『戦没者追悼記念日（Remembrance Day）』、つまり休戦を祝ってケシの花が売られるあの十一月十一日を主題にしています」。彼はこう続ける。「私はこの詩を『アウト（Out）』と呼んでいます。そしてその詩想は固定観念をそっくり取り除くことにあります」。

7 逸れ

ヒューズは父親の戦った戦争に対してもっていた若いときの強迫観念を逸らした。クッツェーは庭に流れた雌鶏の血に対する少年の日の恐怖を逸らさなかった。私はここでダイアモンドの「逸れる〔逸らす〕」という語を広い意味で理解し気前よく使っている。彼女はカヴェルからこの語を借りているのだが、カヴェルは独我論を驚異的な隠喩を用いて表現するときにこの語を使う。ダイアモンドはこう言っていた。「ここでは単に、私たちが現実のむずかしさを理解する、あるいは理解しようと試みることから、一見その付近にあるかに見える哲学的もしくは道徳的な問題に移っていくときに生じているものを記述するために『逸れ』という観念を用いたいだけである」。この意味で逸らすということは、現に生じている心的動揺を、痛みの伴わない知的代用物で置き換えるということである。私が前腕で自己防御することによってダメージを逸らしたり、心から謙虚な態度を示すことで相手のもっともな怒りを逸らしたりするとき、同時に私は（カヴェルの物語〔ストーリー〕では）、孤独で孤立した現実、分かちあうこともなく分かちあうこともできない心のあるいは魂の痛みからなる現実を、他人の心に対する懐疑という哲学的難問のなかに転移し、それを感情抜きのアカデミックな研究にしてしまうことによって、当の現実を逸らしている。私たちはそうした逸れを現実逃避と呼んでいいかもしれない。

逸れることをばかにしてはいけない。逸らすことは私たちがうまくやってのけられる物事のひとつである。ダメージを逸らし、怒りを逸らすことはよいことである。人間とは逸らす〔逸れる〕動物である。欧米の日常生活においては、現実逃避とは違った意味で逸れるという点では、女性のほうが頑固で独善的な男性より優れている傾向がある。フォークロア、つまり先史時代についての「このとおり物語〔なぜなぜ物語〕」においては、原始の女性が重大な逸れを実行したのだ。彼女たちは火を恐るべきものの範疇から逸らして味方に付けてしまった。彼女たちは家族を採集狩猟から農耕生活へと逸らし、そうして地球を支配する道に私たちの種を導いたのである。

逸らすことがまったく健全な場合もあるだろう。いや、強迫観念を逸らすというよりはむしろこう言うべきである。ヒューズはいくつかの詩を書くことによって強迫観念の正体を見抜き、それを追い払うことができたのだと。

一方クッツェーは、鶏の思い出や、その少しあとの羊の思い出を逸らさないのである。少年はシープファームを経営している親戚を訪問する。当時、羊毛には高値がついていた。少年は羊が週に一度夕食のために屠られるのを見つめる。農場に雇われている男が、死ぬことになる一頭の羊を選ぶ瞬間からじっと観察する。男は「一見無害な小型のポケットナイフで」「草が詰まった青い大きな胃、大小の腸（男は腸から羊が排泄する暇のなかった最後の糞を絞りだす）、心臓、肝臓、腎臓――羊が体内にもっている、そしてその子もまた体内にもっているものを、残らず取りだす[21]」。少年はまた子羊の去勢も見る。体のなかは、動物もぼくもまったく同じ。去勢の場面では、体のそとも。少年は小説家になったが、クッツェーは、子羊の権益が侵された、あるいは羊の権利が否定されたと論じることによって、少年時代のショックを逸らしたりはしないのだ。そうではなく彼は同じ生き物としての羊への思いを強固にする。体のなかも、そとも、彼と同じ生き物どうし。彼はこの感情を追い払いたいとはけっして思わない。やがて彼は「タナー記念講義」を行なうことになる。

8　修辞としての議論、弁論術としての論理学

逸れることが役に立つか立たないか、現実逃避であるか健全な回避であるかを一見して分かることはめったにない。カヴェルと懐疑論とを少し振り返ってみよう。独我論が意味することは正しいと単に信じているのではなく、むしろ、身をもって独我論を経験している男を想像してほしい。さらに、それが彼を失意のどん底に投げ落とすと想像してほしい。彼の問題を哲学的論争にすり替えることで当の問題を逸らすのは、彼の困難から抜け出るための、考えられるかぎり最良の方法であるかもしれない。これはたしかに逃避であるが、健全さへの回避でもある。たぶんウィトゲンシュタインが人生の様々な場面で実行しているように、もっと深いレベルで逸れたほうがいいのかもしれない。また明らかにそのほうがよい哲学となるだろう。しかしすべての哲学者がそれをできるわけではない。

ダイアモンドはこう考える。動物について哲学するのは、致命的な仕方で（と彼女はみなす）現実から逸れることだと。それとは別に、ピーター・シンガーがもっとも影響力のある存命の哲学者

だという事実を考慮すべきである。だからといって彼がもっとも重要であるとか、ほかの哲学者たちに大きな影響力をもつとか言いたいのではない。私が言いたいのは、存命の哲学者のだれよりも彼が多くの人々に影響を及ぼしてきたという事実である。一九七三年以来、彼はずっと動物の解放と権利を求める運動の知的指導者である。[22] 動物解放を主題とする彼の最初の本は五十万部売れた。コステロとダイアモンドは彼が肝心かなめの点を捉えそこなっていると考える――それがたぶん、彼女たちには論理的説得力がないと私が表層のレベルで思う理由を、深層のレベルで説明している。

動物は利益をもつ、なぜなら有感的（sentient）である――苦や快を感受する能力をもつ――からとの主張からシンガーは出発する。自分の行動や反応を振り返って考えてみると、私は友人や家族でもないような、あるいは同郷人ですらないような他人に、たぶん通常必要とされる以上に、ときどきは親切なことをする。しかし私がそうするのは、その人が利益をもつから、あるいはその人の利益を尊重するから、あるいはその人が有感的であるからではないし、その人には権利があるからでもない。私はしばしば理由も分からずにそうしている。私はそうするように躾けられてきたとも考えられる。子供のときに身に付いたことは容易に消えないものだ。また別なふうに考えることもできる。私と他人とのあいだの共感のようなもの、一種の分かちあいが私にそうさせるのだと。それが道徳的行為の基礎にあるとはヒュームの主張だ。たしかにそのとおり。しかしシンガーが権利をもちだしたからこそ人々は説得されたのである。

シンガーの主張は道徳論というよりはむしろ弁論術に立脚するものであるかもしれない。市民社会を規制するには慣例や先例が必要である。シンガーや彼の仲間たちは未来の法律を作っているのだ。法律が道徳的地位をもつのは、それによって法的な義務や拘束力が生じるからだけではなく、行動の目安になるからである。グランディンが作った屠殺場の基準も同じ効力をもつ。

シンガーが提示する議論は論理学にではなく修辞学に分類されるべきである。アメリカの大学はアリストテレスの何を誤解したのか、学生に教えるのは記号論理学ばかりで人間味のある修辞学はすっかり忘れられている。大事なのは修辞学だ。ダイアモンドやカヴェルやマクダウェルがシンガーの影響力を過小評価しているとは思わない――哲学術を実行する仕方において、それぞれが違う影響力をもつとしても――。私がここまで述べてきたことは彼らに異論があってのことではない。またシンガーは現実から逸れているというダイアモンドの主張に異論があるわけでもない。私はこう繰り返しておく。逸れることをばかにしてはいけないと。

9　驚きと畏れ

チェスワフ・ミウォシュは私たちが美の存在に驚く――美を畏れる――べきなのだと言う。「それは存在するはずはない」。ルート・クリューガーは、アウシュヴィッツにおけるひとりの女性の行為が私たちを驚きと畏れとでいっぱいにすると主張する。意味深くもその女性は怯えた子どもであった彼女に救いの手を延べたのである。

ダイアモンドは書いている。「善と美の事例が私たちを狼狽させることもある。（……中略……）私たちはそれを世界がどのようにあるかについての私たちの理解に折り合わせることができない」。私たちはこの経験を現実のむずかしさのなかにふくめる。それのどこが現実のむずかしさなのかと問うならば、私は礼儀を知らぬ無粋なペリシテ人に見えるであろう。

原理や命題や議論のための言語を話す哲学者というものは、おそらく、美に直面したときの畏れを自分の言説に合わせて組み込むことができないのだろう。たぶん、それが哲学のむずかしさなのだろう。詩人もまた美の意味を理解（make sense）したりはしない。詩人というものは美を、世界とはどのようなものであるかに対する解釈のなかに組み込んだりはしない。そうする必要などどこにあろう。私たちはプラトンに従い、哲学者たちとのみ同盟して詩人を追放する必要はない。ダイアモンドはそれを望まないだろうと私は確信する。

次のよく知られた詩句は何か重要なことを表現している。

なぜなら美とは、私たちのなおかろうじて堪えられるあの恐ろしきものの始まりにほかならないのだから。
そして私たちが美にこれほど賛嘆の声をあげるのも
美が私たちを破滅させる業を冷然として蔑むからだ。(23)

私はリルケの見るからに偉ぶった感覚が好きではない。ミウォシュの詩を敷衍するダイアモンドの表現を借りるならば、私には「緑の樹冠をもつ木立ちのほっそりした形状に立ち現れているかに見える神秘」の謙虚さのほうが好ましい。この神秘は私の現実の一部そのものである。それはたぶん、この神秘を私が理解する世界のなかにうまく取り込めないからにすぎない。リルケの表現する畏怖にはそれができている。私たちにはそれを論じることができない、リルケを引いてみるのが精いっぱいであるという事実は、現実のむずかしさというよりはむしろ現実の一部なのだ。

たしかに哲学者は、経験されうるもののすべてを分かりやすい言葉できわめて明晰に表現したいと思うものである。一九〇八年に発表された、比較的知られていない詩のなかでリルケは、「言う」という行為にかんして言うべきことをもっていた。詩「孤独な者」はこう始まる。

いや、私の心からは、かならずやひとつの塔が現れるであろう、
そして私自身はその縁に立つのだ。

そこには、ほかに何もないのだが、もう一度痛みが、
言い表せないものが、世界が現れる。(24)

孤独な者は、自立できていない人と対比されつつ、『若き詩人への手紙』第四便（一九〇三年七月一六日）のなかでも言及されている。そこでの「言い表しがたさ」には「ほとんど」という修飾語が添えられている。哲学的観点からは、賢そうに見える修飾語だ。愛と性にかんする入り組んだ情動について語りながら、リルケはこう言う。「どんなに雄弁な人でも役には立たない。言葉が指示するのは、きわめて繊細な、ほとんど言い表しがたいものなのだから」。

10 慈悲

ダイアモンドはルート・クリューガーを引きあいに出しながら議論を続ける。無意味な死や理不尽な残虐行為への身勝手な無関心、善を当たり前のものとみなすならば、善行に陳腐な紋切り型で応じるならば、明らかに私たちは善を深く悟ることから逸れるのだ。肩をすくめ、分かったよ、利他的な人もいるさ、そんなことに驚きはしないがね。「ヒューズの詩の場合と同じように、ここにも」とダイアモンドは書く。「それを理解することのむずかしさ（……中略……）という点で人が驚

くに足るもの」がある。この言葉は的を射ているだろうか。私たちには理解しえないようなことが世界にはたくさんある。私たちはどうしてそれに驚かねばならないのか。単に驚きでいっぱいになる、すなわちクリューガーが慈悲（grace）と呼ぶものを十分に理解する、それでいいのではないか。

もちろんダイアモンドは同意するにちがいない。彼女の論点は、それを「ばらばらにする」ことで理解することはできないという点にある。私たちは全体を見なければならない。分析することで逸れてはならない。哲学者ダイアモンドは、私たちがなにげなく通り過ぎてしまったかもしれないものを立ち止まって経験するように仕向ける。哲学者として彼女は、分析されていない驚きを経験し、善と美をふたたび畏れ－多い（awe-full）ものと感受する私たちの能力をよみがえらせようとしているのだ。

11　言語過剰の危険[25]

何がエリザベス・コステロをひどく悩ませているのかを説明しながら、マクダウェルは現実のむずかしさに対してひとつ診断を提示する。ヒューズの詩とクッツェーの講義の両方を示唆しながら、彼はこう書く。

両方の事例が体現するような種類の現実のむずかしさが生じるのは、私たちの出会うものが、私たちの通常の能力――つまり現実を理解する（get our minds around）能力、いいかえれば現実を言語によって捉える能力――を圧倒するときである。現実のむずかしさは、私たちが安住する本性（nature）――話す動物として、話す能力が可能とする方法で物事の意味を理解（make sense）しうる動物として安住する本性――から私たちを押しのける。私たちに特有な動物の生活に対して疑問が投げかけられるのだ。(26)

そのむずかしさは、生活と言葉とを切り離せない小説家コステロにとっては、はるかに深刻なものとなる。ここにはとても複雑な考えが述べられているが、ダイアモンドの論考にじっくり取り組んでみようとする多くの人にとって役に立つだろう。しかしマクダウェルの考えはダイアモンドの仕方とは違う仕方で話すことの重要性を過大評価しているように私には思われる。

周知のように、〈人間〉を〈話す動物〉として特徴づける哲学者たちは、私たちと話さない動物との関係がどうあるべきかについても影響力のある見解を表明してきた。マクダウェルはそういうことをしない。彼は〈人間〉に対し、話すことを本性（nature）とする生き物であるといった定義づけをしない。にもかかわらず彼の言葉遣いは依然として、何をおいてもまず話す行為が、人間を特別な存在にするのであり、「私たちに特有な動物の生活」であるとの思想を呼び起こすかもしれない。

同一の能力を特徴づけるためにマクダウェルは、「言語で現実を捉える（capture reality in language）能力」と「現実を理解する（get our mind around reality）私たちの通常の能力」という二つの言い回しを使っている。前者から「つかむ（clutching）」に対するカヴェルの論難――ダイアモンドが示唆していた――を連想するのはあまりにも容易である。そして後者「現実を理解する（get our mind around reality）」は比喩としてはすばらしいけれど、「私たち」の「通常の能力」を記述するのにこの言い回しを使うのは哲学的に適切な方法ではないかもしれない。

予備的な註記として、私たちはこう書きしるしておこう。テンプル・グランディンとしてはもちろん、言葉を使って考えないからこそ現実のもつ多くの重要な相貌（アスペクト）を理解する（get her mind around aspects）――彼女がこういう言い方を嫌がらないとすれば――と主張するであろう。私たちが彼女の障害と呼ぶものは、他の複数の能力によって埋め合わされている。これは、自閉症解放戦線と呼んでもよいような方面ではよく知られた主題である。しかし私は、「私たち」が数ある病状のひとつとみなしかねない能力を力説したいとは思わない。

ここからは日常的で個人的な事実である。いまは夏であるが、拙論を書いているこの一室は山の中腹にあり、正面には、はるか下方から伸びている背の高い松の木々が立ち並んでいる。コンピューターのモニターの向こうにまっすぐ目を向けると、松の木の半ばまで、裸の樹幹の先のほう、ちょうど樹冠が始まるあたりまでが目に入る。とても美しく静謐な眺めである。それはまた生きていて絶えず変化する眺めでもある。雲がこの高さまで上ってくることも多く、そうなると松の木々は霞に包まれて視界からその樹影を消すのだから。

そこで、幸運にも私が満喫しているこの眺めを話題にしてみる。私はいまその眺めについて多少の描像を与えた。私はたぶん「言語でこの現実を捉える」ことはできないだろう。しかしそのために私は、話す動物として、みずからの本性（nature）に安住することから押しのけられるわけではない。なぜなら私自身の本性がもつ他の側面が、いまここでは、私の記述能力よりはるかに、私の経験しているものに関与しているからである。

この状況で私が樹木を媒介にミウォシュと共鳴しているその理由が分かるだろう。またなぜ「現実を理解する（get my mind around reality）」の比喩が役に立たなかったかも分かるだろう。それは端的にいって結びつけ（*connect*）ないのだ。ここでまた手を休めて窓外を見てみよう。私は、私の前に広がるこの現実を理解する（get my mind around）のだろうか。それが現実を所有するという意味ならば（もちろん否であるが）発想そのものが礼を欠くことになる。しかしこの話題をさらにつづけるならば、私には、ここに座りながらも、私の心がこの現実の傍らにある（my mind is around this reality）（ともかくこの言い回しに何か意味があるとして）ように思われる。私はほとんど文字どおり塔の縁に立っている。孤独にもつかのま「言い表せないもの、世界」とともに。

マクダウェルが言及しているのは、何か冷然とした美ではなく、ヒューズの一九一四年の現実やコステロの「推定上の」現実である。しかし私は、私がいま述べたことが関連するように、ダイアモンドの挙げた第三の例を利用してきた。比喩は効力を失わないように思われる。ヒューズの詩を読むやいなや、私は悲惨な現実の傍らに心をおく（この言い回しに何か意味があるとして）。私はさきほどヒューズのほかの詩「アウト」を読まずに中断した。その詩の現実について述べる私の能力が自発的に活動を停止してしまったというのが、その理由のひとつである。私はまったくマクダウェルの論点を捉えそこなっていると言われそうだ。

拙論はコステロの引用から始まった。彼女は「哲学的な言語」と言っていた。たぶん少しのあいだなら彼女はマクダウェルが彼女の代弁をするのを許すだろう。たとえそうであっても、彼女はこう言うかもしれない。哲学的言語は彼女が経験している動物の現実を「捉え」ていないと。じっさい何ものもそれを十全に捉えることはできないのだ。しかし彼女の言葉、哲学的でも非哲学的でもある言葉は、彼女の二回の講義のなかで、たしかにその現実について多くのことを言っている。コーラ・ダイアモンドとともに私たちは、動物の権利をめぐる言説のなかの命題や原則や前提は現実から逸れているが、小説家コステロにはほかに多くの手段があると考えるようになるかもしれない。

註

(1)J. M. Coetzee, *The lives of Animals*, ed. Amy Gutmann (Princeton: Princeton U. P., 1999), p. 22.〔『動物のいのち』森祐希子+尾関周二訳、大月書店、三三頁〕

(2)典拠の詳細はケアリー・ウルフの「序」の註記を参照のこと。

(3)私が本書の議論に招かれたのは、私がクッツェーの「タナー記念講義」への長いレヴュー（*The New York Review of Books*, 29 June 2000, pp. 20–26）と補足論稿（"On Sympathy: With Other Living Creatures," *Tijdschrift voor Filosofie* 63, 2001, pp. 683–712）を書いたからにすぎない。拙稿はそこから数行借用していることをお断りしておく。

(4)J. M. Coetzee, *The lives of Animals*, pp. 50–51.〔『動物のいのち』八四〜五頁〕

(5)ibid., p. 33.〔同前五二〜三頁〕

(6)ibid., p. 32.〔同前五二頁〕

(7)ibid., p. 33.〔同前〕

(8)ibid., p. 50.〔同前八三頁〕

(9)J. M. Coetzee, *Boyhood: Scenes from Provincial Life* (London: Secker and Warburg, 1997), pp. 1–2.〔『少年時代』くぼたのぞみ訳、みすず書房、一〜二頁〕

(10)カナダは除く。カナダの最高裁は特許庁に有利にハーバードに不利になるように裁定を下した。したがってカナダではオンコマウスおよびその同類には特許が与えられない。（判例のもつ歴史的理由から、特許法は、隣接するコモン・ローの法域において、驚くほど違ってくる。）法廷上の議論のひとつに「いったん改変されたオンコマウスはマウスと同じように繁殖する以上、それに特許は認められない」というものがある。七面鳥に特許を認める議論はどのようになるだろう。いったん発生したあとに自己再生しうるような生命体に特許を認めるという問題は提出されたけれど、化け物を繁殖させてしまうという問題が裁判所に提出されたことはなかった。

(11) Temple Grandin and Catherine Johnson, *Animals in Translation: Using the Mysteries of Autism to Decode Animal Behavior*（New York: Scribner, 2005).〔テンプル・グランディン＋キャサリン・ジョンソン著『動物感覚——アニマル・マインドを読み解く』中尾ゆかり訳、日本放送出版協会〕

(12) J. M. Coetzee, *Disgrace*（London: Secker and Warburg, 1999), p. 217.〔『恥辱』鴻巣友季子訳、ハヤカワ*epi*文庫、三三五頁〕

(13) ibid., p. 218.

(14) ibid., p. 144.

(15) ibid., p. 146.

(16) J. M. Coetzee, *The Lives of Animals*, op. ct., p. 43.

(17) J. M. Coetzee, *Disgrace*, op. ct., p. 143.〔『恥辱』二二一頁〕

(18) Reviel Netz, *Barbed Wire: An Ecology of Modernity*（Middletown, Conn.: Wesleyan U. P., 2004).

(19) J. M. Coetzee, *The Lives of Animals*, op. ct., p.57.

(20) "Ted Hughes at Adelaide Festival Writers' Week, March 1976," http://www.zeta.org.au/~annskea/Adelaide.htm.

(21) J. M. Coetzee, *Boyhood*, op. ct., pp. 98-99.〔『少年時代』一三二頁〕

(22) 一九七三年の論文（*New York Review of Books*, 5 April 1973）がそもそもの始まりで、一九七五年の本（*Animal Liberation: A New Ethics for our Treatment of Animals*, 1975, 2nd ed. 1990, New York: New York Review/

Random House）がそれに続いた。

（23）Rainer Maria Rilke, "The First Elegy," in *The Duino Elegies*, trans. J. B. Leisman and Stephen Spender（London: The Hogarth Press, 1964）, lines 4–7.

（24）Poem 87 of 96 in *New Poems*, trans. J. B. Leishman（London: The Hogarth Press, 1964）. "Nein: ein Turn soll sein aus meinem Herzen / und ich selbst an seinen Rand gestellt: / wo sonst nichts mehr ist, noch einmal Schmerzen/und Unsäglichkeitm, noch einmal Welt"（in *Der neuen Gedichte Anderer Teil*〔Munich: Insel Verlag, 1908〕）.〔リルケ『新詩集・第二部』、河出書房新社、彌生書房〕

（25）小見出しの「言語過剰」という表現はベルトルト・ブレヒトのもので、デカルトに対する失礼な発言のなかでこの表現を使っている。拙論「五つの寓話」の第二節を参照のこと（"Five Parables", in *Philosophy in Its Context*, ed. R. Rorty, J. Schneewind, and Q. Skinner, Cambridge: Cambridge U. P., 1984. p. 103–24.）。

（26）本書一八四〜五頁。

訳者あとがき

本書は *Philosophy and Animal Life*, Stanley Cavell, Cora Diamond, John Mcdowell, Ian Hacking, and Cary Wolfe, Columbia University Press, 2008 の全訳である。

＊

以前、訳者はC・Wニコル氏の著作『誇り高き日本人でいたい』（アートデイズ、二〇〇四年刊）のレビューを『中学教育』（小学館）という教育雑誌に書いたことがある。

一九九五年、ニコル氏は日本国籍を取得した。「私が日本人になった」のは、「自然保護」の大学をつくるために日本国籍が必要だったということもあるが、何よりも「日本が私の家であり、もっとも愛する国だからだ」。愛国心とはまず、日本の国土を愛すること。ニコル氏はそう強調する。この国の山や川、そこに生きる野生動物や樹木や昆虫や微生物を愛することだ。たとえば川が汚され、動物が無意味に傷つけられることを、まるで自分の体が汚され傷つけられるかのように感じる想像力、ニコル氏はそれを愛国心と呼ぶ。

こう書いてからしばらくして、ニコル氏のあの特徴的な「涙顔」の意味を悟った。

二〇一〇年六月一日、舞踊家大野一雄氏がお亡くなりになった。いまから二〇年ほどまえの夏、東京は恵比寿駅近くの小さなダンス・スタジオで大野氏の舞踊を初めてみて錯乱し滝のような涙を流したのを覚えている。

ダイアモンドは人間を「傷ついた動物」と見さだめ、それをカヴェルの思想へ繋げた。カヴェルは人間の「傷」とは何かを、ここでもねばり強く問う。人間にとって倫理の根拠は肉体のほかにはなく、皮肉なことに、肉体は傷とともにしかそこに立ち現れてこない。

ニコル氏の愛国心と大野一雄の舞踊、そこに共通するものは「倫理的思考」であると言いたい。危険のあるところ救うものもまた育つと言い放った詩人にならえば、何か身を切るような痛切な感覚を育てていくことが人間の道にはあってもいいのではないだろうか。

*

原書は著作権が複雑に分かれていて、編集者の小林公二氏には翻訳権取得でいろいろお世話になった。カヴェル氏と連絡がとれずにいたとき、齋藤直子氏（教育哲学、京都大学）には、カヴェル氏へメールを書いていただくよう厚かましいお願いをした。齋藤氏からは海外出張の忙中にもかかわらず快諾をいただき、そのうえカヴェル本を翻訳する辛さを慰め激励までしていただいた。本当に恐縮です。また英文読解については、日野市在住の Brad Reinhart 氏から長時間にわたり指導していただいた。ここに記して感謝いたします。

平成二十二年六月二十四日

中川雄一

著者略歴（登場順）

ケアリー・ウルフ　*Cary Wolfe*

ライス大学教授。専門は英語学だが、環境問題や動物の権利の問題についても積極的に発言している。著作に、*Animal Rites: American Culture, the Discourse of Species, and the Posthumanist Theory*（Chicago: University of Chicago Press, 2003）など。

コーラ・ダイアモンド　*Cora Diamond*

ヴァージニア大学名誉教授。政治哲学、道徳哲学、文学と守備範囲は広いが、とりわけウィトゲンシュタイン解釈で名声を不動のものとした。編著書に *The Realistic Spirit: Wittgenstein, Philosophy, and the Mind*（Bradford Books, 1991）, *Wittgenstein's Lectures on the Philosophy of Mathematics: Cambridge, 1939*（University of Chicago Press, 1976）など。

スタンリー・カヴェル　*Stanley Cavell*

ハーバード大学名誉教授。分析哲学の手法には距離をとりつつ、フランスやドイツに絶大な影響力をもつ現代アメリカを代表する哲学者。2018年に逝去。邦訳のある著書に、『センス・オブ・ウォールデン』『哲学の〈声〉』『理性の呼び声』。

ジョン・マクダウェル　*John McDowell*

ピッツバーグ大学教授。研究分野は、言語哲学や心の哲学から倫理学やギリシャ哲学まで多岐にわたる。現在世界で最も注目されている分析哲学者のひとり。著書に *Mind and World*（Harvard University Press, 1994; reissued with a new introduction, 1996）, *Mind, Value, and Reality* [a collection of papers]（Harvard University Press, 1998）など。

イアン・ハッキング　*Ian Hacking*

カナダの哲学者。トロント大学哲学科教授を長らく務め、2023年に逝去。専門は科学哲学。ウィトゲンシュタイン研究およびフーコーの研究でも名高い。邦訳のある著書に『表現と介入』『言語はなぜ哲学の問題になるのか』『偶然を飼い慣らす』ほか。

訳者略歴

中川雄一　*Yuuichi Nakagawa*

1953年、北海道生まれ。早稲田大学大学院文学研究科修士課程修了。翻訳家・哲学研究家。専門は現代フランス哲学。訳書に、C・ショヴィレ『ウィトゲンシュタイン』（共訳）、J・ブーヴレス『ウィトゲンシュタインからフロイトへ』、S・カヴェル『哲学の〈声〉』など多数。

〈動物のいのち〉と哲学

2010年 7 月 20 日　初　版第 1 刷発行
2025年 1 月 20 日　新装版第 1 刷発行

著　者———コーラ・ダイアモンド＋スタンリー・カヴェル＋
ジョン・マクダウェル＋イアン・ハッキング＋ケアリー・ウルフ
訳　者———中川雄一
発行者———小林公二
発行所———株式会社 **春秋社**
〒101-0021 東京都千代田区外神田 2-18-6
電話 03-3255-9611
振替 00180-6-24861
https://www.shunjusha.co.jp/
印　刷———株式会社 シナノ
製　本———ナショナル製本 協同組合
装　丁———芦澤泰偉

ISBN978-4-393-32416-5
定価はカバー等に表示してあります